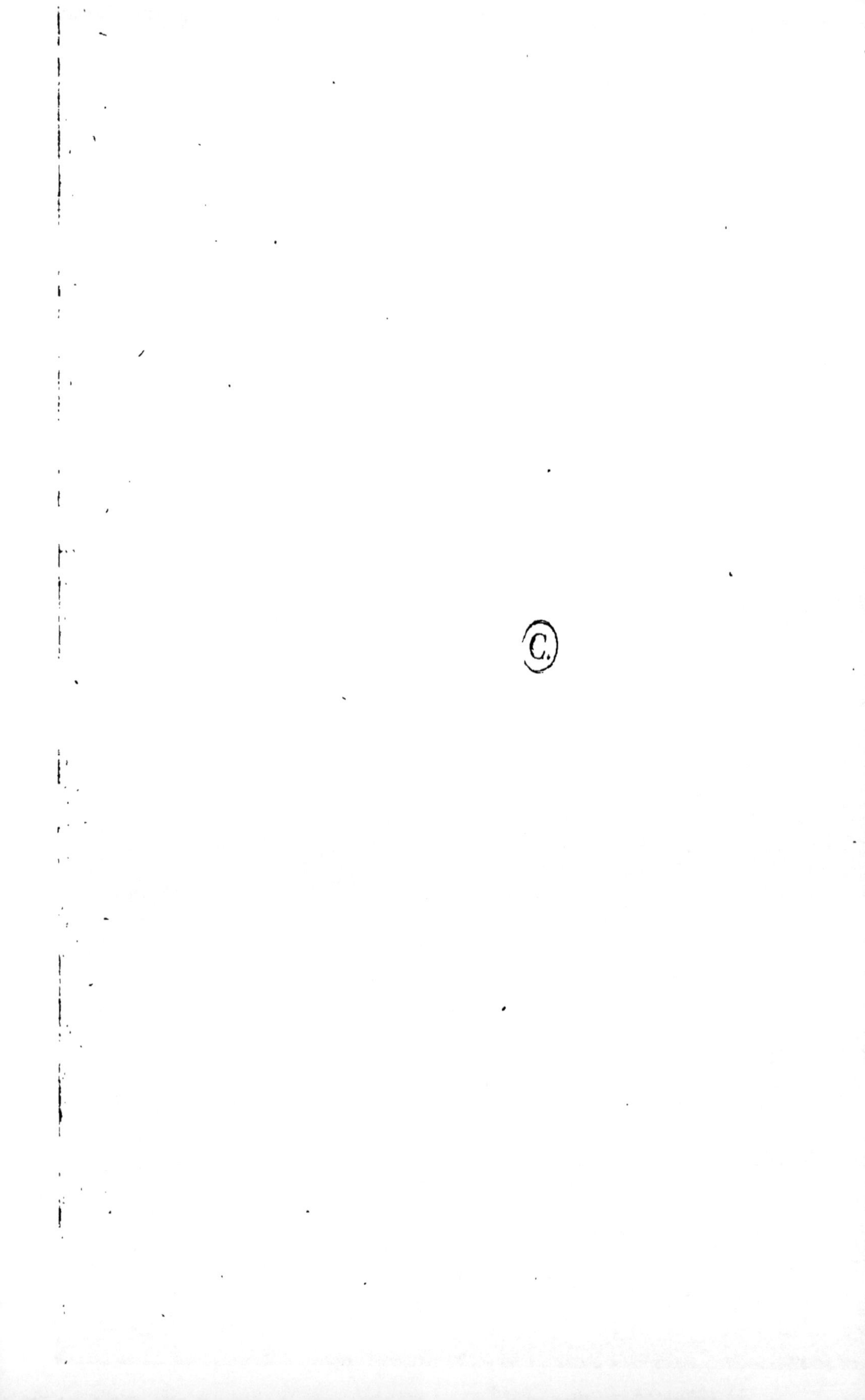

Imprimerie de GUIRAUDET ET JOUAUST,
315, rue Saint-Honoré.

TAO - KWANG,

Empereur actuel de la Chine, VIme de la Dynastie des **Tsing.**

Monté sur le trône, le 24 Août 1820.

Lith. Saunier r. S.t Honoré, N.° 320

LA CHINE

ET

LES CHINOIS

PAR LE Cte ALEXANDRE BONACOSSI,

DÉDIÉ

A l'Empereur de la Chine.

Les hommes sont partout et toujours
les mêmes. MONTAIGNE.

PARIS,
AU COMPTOIR DES IMPRIMEURS-UNIS,
15, QUAI MALAQUAIS.

1847

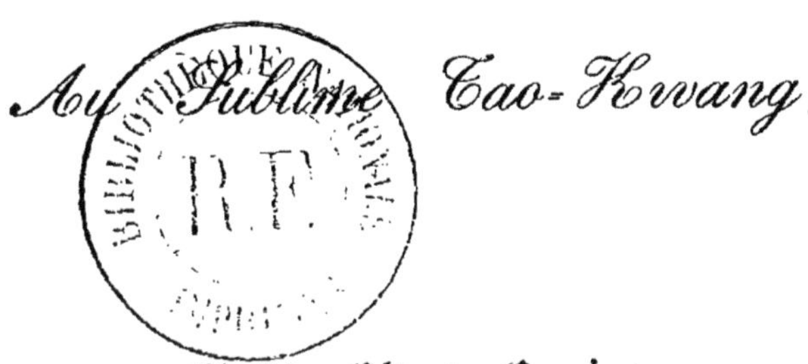

Au Sublime Tao-Kwang,

Chef du Céleste-Empire.

TIEN-TSÉE,

On s'étonnera peut-être qu'un simple particulier, un étranger, franchissant une aussi grande distance, ose s'adresser au Sublime chef du Céleste-Empire;

mais lorsqu'on voit que Dieu même permet à l'homme de s'adresser à lui, il y a lieu d'espérer que vous aussi, Tien-tsée, vous voudrez user d'indulgence envers moi.

Je me suis décidé à vous faire la dédicace de mon ouvrage LA CHINE ET LES CHINOIS, *car je ne trouve personne qui soit plus digne de cet hommage. Le nom que vous avez adopté, votre admirable dévoûment en* 1813 *qui est venu sanctionner votre élévation au trône, votre conduite pendant la disette de* 1832 *et durant la contrebande de l'opium en* 1839, *enfin les vertus de l'Impératrice New-Koo-Luh, votre digne épouse, sont autant de titres qui vous recommandent à l'admiration.*

Par mon ouvrage, vous acquerrez une connaissance complète de la philosophie et des opinions d'hommes qui habitent un pays tout à fait différent du vôtre.

Je désire que cet hommage soit agréé par vous comme un témoignage de ma vénération et de mon profond respect.

LE COMTE BONACOSSI.

NOTE. — Le nom de *Tao-Kwang*, adopté par l'empereur pour désigner les années de son règne, signifie *Splendeur de la raison*. Le titre de *Tien-tsée*, traduit littéralement, veut dire *Fils du ciel*; il remplace nos titres de *Majesté* et de *Sire*.

Cette dédicace a été traduite en chinois à Paris, et envoyée à Can-ton avec un exemplaire de l'ouvrage, pour être présenté à l'empereur. C'est le mandarin, gouverneur général de Can-ton, qui a été prié de faire parvenir cet hommage à son souverain, à Pé-kin.

PRÉFACE.

En 1653, l'un de mes compatriotes, le jésuite Daniel Bartoli, de Ferrare, publia à Rome un ouvrage sur l'Asie. Ce livre, pendant le cours de mes premières études, fut mis entre mes mains comme modèle de littérature classique. Je le dévorai avec l'ardente curiosité d'un jeune homme ; mais ce qui frappa surtout mon imagination, ce fut le tableau que l'auteur trace de l'empire chinois, de ce *Céleste-Empire*, comme l'appellent les indigènes dans leur naïf orgueil, et non sans quelque raison. Les merveilles qu'il en raconte firent sur mon esprit une impression qui ne s'est jamais effacée.

Depuis lors je n'ai laissé échapper aucune occasion de m'initier de plus en plus à l'histoire et aux mœurs de ce singulier pays; j'ai compulsé tous les ouvrages tant imprimés que manuscrits que les bibliothèques de Paris mettent si libéralement à la disposition de ceux qui veulent étudier; j'ai visité récemment, à Londres, la célèbre collection chinoise de M. Langdon, composée de dix mille objets au moins (1), et l'enseignement qui ressort de

(1) Le commerce avait amené à Can-ton M. Dunn, citoyen des États-Unis de l'Amérique du nord. La probité, l'instruction, la fortune et les manières très affables de cet excellent homme lui avaient attiré l'estime générale des *hongs* et des étrangers. Il a passé quinze ans en Chine, et ses rares qualités lui ont fourni le moyen d'obtenir ce qui a

cette curieuse exhibition m'a été rendu encore plus palpable, si je puis m'exprimer ain-

été refusé aux autres étrangers. A force de patience, d'argent et de soins, il a pu former la collection chinoise qu'on admire à Londres; et, aidé de son ami, M. Langdon, il a transporté en Europe son musée, composé de plus de 10,000 objets. Le local qu'il occupe est magnifique. Cette collection offre des temples avec leurs prêtres, des salles d'audience avec leurs juges, des salons avec leur société, des prisons avec leurs détenus, des magasins avec les marchands et les marchandises. Palais, maisons du peuple et des paysans, armes, instruments d'agriculture, outils d'artisan, peintures, cartes géographiques, bibliothèques, statues, vases, meubles, porcelaines, tout s'y trouve : la collection de Londres ne laisse rien à désirer.

La santé de M. Dunn l'ayant conduit en Suisse, où il est mort il y a bien peu de temps, ses héritiers ont chargé M. Langdon de la direction de ce vaste et intéressant établissement, qui forme un des plus beaux ornements de la capitale des Iles Britanniques, et excite l'admiration générale.

si, par les utiles explications qu'ont bien voulu me donner des officiers anglais qui venaient de faire la guerre en Chine. Aussi puis-je dire que je me trouvai en pays de connaissance au milieu des objets apportés en France, il y a quelques mois, par l'ambassade de M. Lagrenée.

Maintenant que le lecteur connaît l'origine de ma prédilection pour le *Céleste-Empire*, je dirai les motifs qui m'ont engagé à prendre la plume. Les traités intervenus entre l'Angleterre et la Chine, à la suite de la guerre dont ce dernier pays a été récemment le théâtre, ont rappelé vivement l'attention vers cette intéressante région. Quel sujet, en effet, pourrait offrir des points de vue plus nouveaux, d'un intérêt plus grand, plus actuel ? Est-il un pays qui, plus que la Chine, soit digne de l'attention de l'observateur et du savant? En est-il un qui ait jamais excité une plus vive curiosité ? C'est qu'aussi il n'en est point qui puisse lui être comparé pour l'antiquité, l'étendue, la population, la fertilité du sol, la beauté du climat, la singularité des mœurs et des coutumes ; c'est que l'on ne peut se défendre d'un juste étonnement quand on songe qu'un empire si vaste, qui renferme à lui seul presque la moitié du genre humain, dont les principales cités l'emportent de beaucoup en immensité sur les villes si fameuses de Ninive, d'Ecbatane, de Babylone, de Persépolis, que cet empire a pu demeurer intact, vierge, jusqu'à la fin du treizième siècle.

Ce n'est point à un simple intérêt de curiosité que j'ai voulu donner satisfaction en écrivant cet ouvrage, mais je me suis en même temps proposé un but plus sérieux : j'ai voulu faire mieux connaître la constitution intime et fondamentale de l'empire chinois; j'ai voulu attirer l'attention sur une si surprenante agglomération d'hommes, demeurée pendant tant de siècles unie et compacte, obéissant à la même loi. Sur quelle base repose un édifice aussi extraordinaire? A quoi tient l'immobilité sociale d'un si vaste empire? Voilà ce qui paraît avoir complétement échappé aux auteurs qui ont écrit jusqu'ici sur la Chine; aucun d'eux ne semble avoir soupçonné l'influence du *pouvoir paternel*, *du système patriarcal*, de cette puissante hiérarchie qui descend de l'empereur, exerçant un despotisme paternel, jusqu'au père de famille, le dernier et le plus puissant anneau de la chaîne, et qui retient dans l'ordre et l'immobilité les parties si multiples de ce vaste ensemble.

Ce qui avait échappé à mes devanciers, j'espère l'avoir expliqué de manière à lever toute incertitude.

Ce sont les missionnaires, ce sont les ambassades qui, jusqu'ici, nous ont fait connaître la Chine. Mais les missionnaires sont des hommes qui ne voient pas toujours comme les autres, et les ambassades ont été si rigoureusement surveillées par la police du gouvernement chinois, qu'elles ont plutôt deviné que vu et connu.

Afin que mon but fût complétement atteint, j'ai cru me tenir dans des limites qui missent mon ouvrage à la portée de tout le monde, et, tout en traitant chacune des parties avec la plus scrupuleuse exactitude, je crois avoir réussi à renfermer dans un seul volume, comme résumé, le tableau le plus exact et le plus complet de *la Chine* et *des Chinois*.

LA CHINE ET LES CHINOIS.

CHAPITRE Ier.

NOTIONS GÉOGRAPHIQUES.

Situé à l'extrémité orientale de l'Asie, l'empire chinois, déjà vaste par lui-même, l'est encore plus par ses tributaires. Il s'est emparé de la suprématie du sud, comme la Russie de celle du nord, et l'on peut dire que ces deux puissances se partagent les deux tiers de l'Asie. Les possessions britanniques, tout étendues qu'elles nous semblent, ne sont rien en comparaison, et ne donnent à leurs maîtres aucune influence dans le pays.

Les monts Nertchink et la mer du Kamchatka séparent au nord les états des deux despotes; à l'occident, c'est la chaîne de l'Himalaya qui leur sert de barrière.

Le Thibet et le Gange, qui continuent la limite, ne peuvent plus être considérés comme bornes des établissements anglais, car ceux-ci ont depuis long-temps passé le fleuve, et ils ont plusieurs comptoirs dans l'Indo-Chine.

Au sud et à l'est, la Chine n'est resserrée que par l'Océan Indien, la mer de la Chine, la mer Jaune et la mer du Japon.

La Chine est donc plus étendue que l'Europe entière, puisqu'elle occupe plus de 50 degrés de latitude septentrionale, et presque 70 degrés de longitude. Dans un espace si considérable, elle subit bien des climats. Le nord de la Tartarie est presque toujours glacé, tandis que la capitale, qui est placée au 40e degré de latitude septentrionale, jouit de la température de Constantinople, de Naples et de Madrid, et que les provinces du sud sont dévorées de chaleurs étouffantes.

La nature avait déjà beaucoup fait pour le pays en l'arrosant en tous sens par des fleuves nombreux; l'art, lui venant en aide, les a réunis par des canaux, de sorte que la Chine se trouve le pays du monde le plus navigable.

Les principaux fleuves de l'empire chinois sont : l'*Amur*, en Tartarie; l'*Hoang-ho* ou fleuve Jaune, le *Kiang-ho* ou rivière Bleue, et le *Si-kiang* ou rivière de Canton.

Tous ces fleuves suivent l'ordre général, c'est-à-dire qu'ils coulent de l'ouest à l'est, comme une grande partie des grands fleuves de notre planète.

L'Amur, formé de l'union de la Chifka et de la Argounia, qui ont leurs sources dans les hautes montagnes et les glacières du Sochond, se jette dans la mer d'Okhotsk, après avoir parcouru environ 660 lieues. Son embouchure est presque cachée par les herbes marines.

Le Hoang-ho, le plus septentrional de l'ancienne Chine, coule entre Pékin et Nankin. Après avoir cotoyé la grande muraille, coupé le canal Impérial, il débouche dans la mer Jaune. Il tire son nom de la couleur du limon qu'il charrie. Son cours est de 550 lieues à peu près.

Le Kiang-ho, qu'on rencontre en descendant vers le sud, passe sous les murs de Nankin, et, après avoir parcouru un espace de 500 lieues, se perd dans la mer Jaune, à 25 lieues de distance du Hoang-ho.

Le Si-kiang est le moins important; il coule au midi des trois autres, et arrive à son embouchure non loin de Canton, à l'endroit même où s'élève la petite île de Bocca-Tigris, qu'il ne faut pas confondre avec les deux forts du même nom que les Chinois ont construits pour défendre l'entrée de la rivière.

Il y a d'autres rivières moins considérables. Entre l'Amur et le Hoang-ho, le fleuve *Pei-ho* se jette dans le golfe de *Pé-tché-li*, à environ 40 lieues de Pékin, dont il baigne les murs, et à 10 de l'importante ville de Tien-sing-foo, où il reçoit le *Hen-ho*, qui le met en communication avec le grand canal Impérial.

Ce canal, dont le cours a 300 lieues, commence à Lin-tcing, sur l'Hen-ho, et se termine à Hang-chow-foo, sur le *Tcheng-tang-chiang-ho*, faisant ainsi communiquer directement Pékin, la nouvelle capitale, avec Nankin, l'ancienne, et le golfe de Pé-tché-li avec la baie de Canton, au moyen de quelques autres rivières et canaux.

Entrecoupé d'écluses et couvert de bâtiments, le canal Impérial est la principale artère du commerce de la partie orientale de la Chine, qui est la plus peuplée. De tous ses affluents, et par l'entremise du Hoang-ho, le *Fuen-ho*, qui coule au nord, dans la province de Shan-see, est celui qui reçoit la plus grande quantité d'eau. Cette rivière, située sur le point le plus éminent, est divisée en deux bras par une forte muraille qui s'élève au milieu de son lit, et contre laquelle elle vient frapper avec violence. C'est le coup d'œil du génie qui inspira le projet d'une si importante opération hydraulique.

En Italie, dans le Padouan, les Cararais, anciens seigneurs de ce pays, exécutèrent, avec les eaux de la Brenta, une œuvre à peu près semblable, connue sous le nom de *Cormelli di Limena*. Le canal Impérial est un ouvrage peut-être plus surprenant que la grande muraille même.

L'entretien des rivières et des canaux appartient en Chine au gouvernement, parce qu'ils maintiennent une communication facile entre les diverses parties de l'Empire, qu'ils favorisent le commerce et l'agriculture, et que les revenus de l'état en sont augmentés.

A moitié chemin entre Nankin et Canton, on trouve le plus grand lac de tout le pays, le lac *Po-yang*. A l'entour s'étend un désert marécageux où croissent une immense quantité de joncs et de roseaux.

C'est la pêche qui nourrit le peu de population qu'on voit en ce pays.

Le lac Po-yang est appelé l'égoût général de la Chine, les rivières courant s'y jeter de tous les points. Quelquefois les vagues de ce lac s'élèvent si haut que la navigation devient dangereuse.

Entre la Chine propre et la Tartarie s'élève la grande muraille, qu'on fait remonter à environ 200 ans avant Jésus-Christ. Elle est crénelée; elle a des tours carrées qui ont 15 mètres d'élévation; elles sont au nombre de 25,000, où les sentinelles entretenaient pendant la nuit une sorte de télégraphe au moyen de flambeaux. Cette muraille, qui servait encore de route militaire, monte, ainsi fortifiée, aux sommets les plus élevés, et descend dans les plus profondes vallées, traversant les rivières sur des arches. En quelques endroits elle est doublée, triplée, pour rendre les passages plus difficiles. Tout cela représente une entreprise gigantesque. On est étonné de voir comment l'homme a pu porter des matériaux dans des endroits presque inaccessibles. On l'appelle une muraille, mais c'est plutôt une fortification. Elle est construite en terrasse et revêtue de briques. Sa hauteur est d'environ 7 mètres, et sa largeur si considérable que six cavaliers y peuvent marcher de front. Sa longueur totale est de 266 myriamètres, de sorte qu'il y a environ 10 tours par kilomètres; mais elles ne sont pas à distance égale, à cause des différentes pentes des montagnes. Cet ouvrage n'a jamais été perfectionné, et maintenant, tout à fait inutile, il tombe en dégradation.

Ces sortes de barrières ne pourraient pas défendre nos états. La force des armées et la science militaire triomphent à présent de tous les obstacles.

A propos de celles que les Romains avaient élevées en Albion pour se défendre des Pictes, qui habitaient l'Écosse, sir George Staunton observe que, toutes les fois qu'un peuple agriculteur se trouve voisin d'un peuple uniquement adonné à la chasse, le premier considère le chasseur comme un animal de proie, et s'en garantit par des barricades. Il en donne pour exemples l'Égypte, la Médie et le pays de Tamerlan. Quoique infiniment moins considérables que celles de la Chine, toutes ces barrières avaient le même but, celui d'arrêter les hordes errantes.

Malgré sa supériorité bien reconnue sur les anciens monuments du même genre, la grande muraille ne compte que vingt siècles d'existence, tandis que les pyramides des Pharaons remontent à plus de quarante. Sur ces vingt siècles, il y en a seize où elle a suffi pour arrêter les Tartares, mais le puissant Ghengis-kan rendit vaine toute défense.

Outre les services qu'elle rendait en temps de guerre, la grande muraille était encore utile pendant la paix, en empêchant toute communication avec les Tartares, dont l'humeur inquiète et les inclinations vagabondes n'auraient pu s'accorder avec les mœurs paisibles et les habitudes sédentaires des Chinois. Elle arrêtait encore les bêtes féroces qui abondent dans les déserts de la Tartarie, en même temps qu'elle privait les malfaiteurs et les mécontents de tout espoir de fuite.

Marco Polo, le premier Européen qui ait écrit sur l'empire chinois, n'ayant point fait mention de la grande muraille, on a mis en doute l'antiquité de ce monument; mais dernièrement on a découvert, dans la bibliothèque de Saint-Marc, quelque chose qui explique le silence du voyageur vénitien à cet égard : c'est qu'il ne traversa point la Tartarie, qu'il se rendit de Samarcande à Pékin par le pays des Eleuths, Cashyar, le Gange, le Bengale et le Thibet, puis la province chinoise de Shen-see et celle de Shan-see.

A mesure que l'on avance vers la grande muraille, la population diminue sensiblement; le pays se hérisse de montagnes si escarpées qu'elles peuvent être comparées aux aiguilles de la Suisse, et que les hommes sont forcés d'escalader des précipices pour cultiver le terrain qui est au delà. Le revers de ces mêmes montagnes, c'est-à-dire le nord, le côté de la Tartarie, perd toutes ses aspérités et n'offre plus qu'une pente douce et facile. Dans cette partie si montagneuse et si peu habitée de la Chine, on rencontre un grand nombre de chèvres et de chevaux sauvages.

Lorsqu'on a traversé la muraille ou plutôt ses ruines, qui ne diffèrent des autres qu'en ce que le lierre ne s'y est point enraciné, on découvre une scène nouvelle, scène muette et solitaire qu'interrompent de loin en loin quelques villes mal peuplées et perdues dans leurs vastes steppes. Plus de jardins, plus de fleurs, tout a changé; des rochers, des bois ou des sables arides couvrent la presque-totalité du pays, et l'on pourrait dire que c'est le règne des animaux, et non celui de l'homme. Les mœurs, les usages et les lois de cette contrée diffèrent également de ceux de la Chine.

Cependant, quoique plus froid, le climat de la Tartarie est assez doux, et même chaud; l'empereur y a de belles résidences, dont la plus superbe et la plus affectionnée est celle de Thé-hol, située au 42e degré de latitude septentrionale, à environ 50 lieues de Pékin. La cour y fait de fréquentes excursions, et tout le peuple exalte l'immensité et la splendeur d'un domaine que bien peu ont pu admirer : c'est sans doute là ce qui augmente le prestige tout féerique dont on l'entoure. Les Orientaux sont grands amis du merveilleux; où il manque, ils sont sûrs de le créer.

Près de Thé-hol on voit le fameux rocher appelé *Pomsuias-kaung.*, cône renversé, et si haut que l'homme n'a jamais pu le gravir. Dans tout le reste de la Tartarie chinoise on rencontre des élévations qui ont jusqu'à 1,000 mètres au dessus du niveau de la mer Jaune. Des hauteurs aussi considérables rafraîchissent naturellement l'atmosphère.

Depuis la réunion des Tartares mantchoux et des Mongols, au treizième siècle, le gouvernement n'a pu déterminer le nombre de ses nouveaux sujets : cela vient de ce que la Tartarie est peuplée d'une infinité de petits princes tributaires et de tribus errantes. Cependant on évalue ordinairement le nombre des habitants du céleste empire, en dehors des limites de l'ancienne Chine, à environ 10 millions de sujets et 20 millions de tributaires; mais ce calcul est vague et incertain, comme celui de la Russie à l'égard de la Sibérie. D'après l'estimation la plus commune, l'empire chinois renferme à lui seul tout près de 360 millions d'habitants, tandis que l'Europe entière dépasse à peine 200 millions (1).

Il y a de quoi frémir lorsque l'on pense qu'un si grand nombre d'hommes sont soumis à la volonté d'un seul. Si, avant d'élever un de nos semblables à une telle puissance, nous demandions le consentement individuel, je crois que personne ne le donnerait. Cependant, quand on réfléchit sur l'espèce humaine, on la trouve toujours disposée à la soumission, à l'esclavage même. Moïse, Xerxès, Ghengis-kan, et récemment Napoléon, ont imposé aux multitudes. Lorsqu'on a découvert l'Amérique, pénétré en Chine et dans l'intérieur de l'Afrique, ou visité l'archipel océanique, partout on a trouvé l'espèce humaine soumise à l'intelligence, à la dextérité d'un homme supérieur. Les esclaves sont at-

(1) Suivant M. Langdon, la Chine a une population de 360 millions.

La terre entière en a 900 suivant les uns, et 700 suivant les autres. Rien de positif dans ces calculs.

Il faut convenir que la statistique de la population est difficile partout, particulièrement celle des pays où l'on ne connaît pas notre civilisation.

tachés à leurs maîtres, les soldats à leurs chefs, et les courtisans à leurs princes.

Les animaux ne donnent jamais cet exemple de subordination et de dépendance. Ils cèdent à la force, à la ruse de l'homme; mais on ne les voit jamais s'assujettir à ceux de leur race. L'homme, au contraire, est fier de pouvoir approcher son supérieur, de pouvoir lui être utile et agréable; il est, par sa nature, rampant, soumis, obéissant.

La Chine propre se divise en dix-huit provinces, dont nous allons donner les capitales, et, autant que possible, lé chiffre pour lequel elles concourent à l'énorme population de 360 millions.

Tableau des provinces de l'ancienne Chine, avec leurs capitales et leur population.

Provinces.	Capitales.	Population.
1° Pe-tché-li.	Pékin	38,000,000
2° Shan-tong.	Tsi-nan. . . .	24,000,000
3° Kiang-son.	Nankin	32,000,000
4° Tche-kiang	Hang-Tchou . .	21,000,000
5° Pokien.	Pou-tchou . . .	15,000,000
6° Quangtong.	Canton	24,000,000
7° Quang-si..	Quei-ling . . .	10,000,000
8° You-nan	Yun-nan. . . .	8,000,000
9° Set-chuen.	Tching-tou. . .	27,000,000
10° Kan.	Kan-tchou . . .	12,000,000
11° Shen-si.	Si-ngan. . . .	18,000,000
12° Shan-si.	Taï-ynen . . .	27,000,000
13° Houan.	Caï-fong. . . .	25,000,000
	A reporter	281,000,0000

Provinces.	Capitales.	Population.
	Report.	281,000,000
14° Nyan-hoei.	Nyan-kin. . . .	11,000,000
15° Hou-pi.	Han-yang . . .	13,000,000
16° Kiang-si.	Nan-chang. . .	19,000,000
17° Hounan..	Tchang-tchu . .	27,000,000
18° Koei-tchou.	Koei-yang. . .	9,000,000
	Total. .	360,000,000

Nous avons supprimé la plupart des mots *hien*, *fou*, *chou* et *fou-chou*, que les Chinois ajoutent à toutes leurs villes, pour en marquer les différents degrés d'importance, parce que nous avons trouvé qu'ils allongeaient indûment des noms sonnant déjà étrangement à nos oreilles, et qu'ils les rendaient plus difficiles à retenir.

De toutes ces villes, dont quelques unes sont considérables, les plus importantes sont, sans contredit, Pékin, Nankin et Canton.

Pékin est bâti au fond d'une vaste plaine, qui s'étend à une grande distance au nord et à l'est de l'ancienne Chine, et où croît prodigieusement le saule à écorce inégale (*salix fragilis*). Suivant les géologues, la mer s'est retirée du pied des montagnes voisines, qu'elle baignait originairement.

A vol d'oiseau, il n'y aurait guère que 3,000 lieues de Paris à Pékin, ces deux villes n'étant séparées que par 9 degrés de latitude septentrionale, et par 115 degrés de longitude; mais, par mer, la distance est plus que doublée.

Les villages de la Chine sont quelquefois aussi grands que nos villes ; mais le peuple en fait peu de cas tant qu'ils ne sont point enclos de murs.

La Chine possède plusieurs grandes îles dans la mer à laquelle elle a donné son nom. Les plus remarquables sont celles de *Formose*, de *Chang-tchuen* et d'*Hainan*.

Formose fut conquise en 1661 sur les Hollandais, qui en furent chassés.

Une chaîne de montagnes, qui partage cette île en orientale et en occidentale, sépare des indigènes les Chinois qui habitent le côté avoisinant le continent, c'est-à-dire l'ouest de Formose. La capitale est Taï-ouan, bon port défendu par une citadelle qu'y ont construite les Hollandais. Cette ville est très commerçante et très peuplée. Il y a un gouverneur chinois avec une garnison de dix mille hommes.

L'île de Chang-tchuen se trouve à l'entrée du golfe de Quang-tong. Les Européens la nomment Sancian. Elle a quinze lieues de tour et est entièrement stérile. Le jésuite saint François-Xavier y mourut en 1552, lorsqu'il cherchait à pénétrer en Chine pour y prêcher l'Évangile.

L'île d'Hainan est très étendue ; elle a 60 lieues de long et 40 de large. La partie méridionale est hérissée de hautes montagnes ; mais, dans tout le nord, le terrain est plat. Le centre possède des mines d'or, et l'on pêche des perles sur les côtes. L'air de cette île est malsain. Les indigènes ont la taille petite, le teint cuivré, et sont presque nus. Les femmes se font sur le visage de grandes raies d'indigo qui descendent des yeux au menton; elles croient ainsi augmenter leur beauté. Devons-nous nous récrier bien fort? Y a t-il si long-temps que nos dames européennes ne se couvrent plus de mouches, et ne déguisent point les belles et vagues nuances de leur chevelure sous des flots de poudre blanche, presque recherchant les désagréments de la vieillesse?

Les îles des Larrons sont situées près de Macao, et celle Poo-too, près de Canton. Les premières doivent leur nom aux pirates, dont elles sont le repaire, et dont le gouvernement n'a pu, jusqu'ici, les débarrasser. Quant à la dernière, c'est un véritable paradis terrestre. Elle est habitée par 3,000 moines dont le monastère est célèbre dans tout l'Empire et richement doté. Il y a 400 temples, près desquels sont des maisonnettes appartenant à ces saints personnages. Le tout est fort ressemblant à nos chartreuses. L'homme extravague en tous pays.

Les contrées tributaires de la Chine sont : la Corée, le pays des Eleuths, le Thibet et le Boutan.

Les Coréens habitent une presqu'île située au midi de la Tartarie chinoise, entre la mer Jaune et la mer du Japon. Ils ont un roi despote qui envoie à Pékin un tribut annuel. Ils suivent la religion de Boudha et la morale de Confucius. Les voyageurs nous les représentent comme fort adonnés aux plaisirs, comme lâches, menteurs, accoutumés à la fourberie et au vol. Les navigateurs étrangers que la tempête jette sur leurs côtes y sont réduits en esclavage. Les Coréens sont de bons marins; leur capitale est King-ki-tao.

Les Japonais, les Tartares et les Chinois ont soumis tour à tour la Corée; mais ces derniers seuls s'y sont maintenus.

Le pays des Eleuths est borné au nord par la Tartarie russe; à l'ouest, par le Turkestan; au sud, par le Thibet; à l'est, par la Chine et la Tartarie chinoise. Il se divise en petite Boukharie, en pays de Turfan et pays d'Hami. La capitale est Irghen. Le peuple, qui est fort industrieux, commerce avec la Perse, avec l'Inde, la Chine et la Russie.

Le Thibet et le Boutan ont, au nord, le pays des Eleuths; à l'ouest, les Usbecks; au sud, l'Inde; à l'est, la Chine. Ces pays sont couverts de montagnes qui s'étendent depuis les sources du Gange jusqu'aux frontières d'Asham. La principale élévation se nomme *Koiran*. Les habitants sont gouvernés par le chef de la religion des Tartares païens, c'est-à-dire par le grand Lama. Ce prince, quoique médiocrement puissant dans ce monde temporel, est regardé comme la divinité visible dans une grande partie de l'Asie. C'est Fo, c'est Boudha lui-même, revêtu d'une forme humaine. Le pape de Rome peut nous donner quelque idée de cette union du spirituel au tempo rel. Le lamisme et le catholicisme ont quelques traits de ressemblance frappante.

Le Thibet possède de nombreuses espèces d'animaux sauvages, parmi lesquels on compte le yak ou bœuf grognant, le tigre, l'once, le lion, l'ours, le cheval sauvage. Les moutons du Thibet sont petits et en multitude. Leur laine est fine et douce; leur chair est excellente. Les chèvres sont renommées par leur poil, dont on fait les beaux tissus connus sous le nom de cachemires des Indes.

Lassa est la capitale du Thibet. C'est une ville grande et bien peuplée, près de la rivière Bramapontra. Elle fait un commerce considérable en poudre d'or qu'on recueille dans le lit des rivières. Près de Lassa est le mont Pentala, où réside le grand Lama, dans un palais resplendissant d'or et de pierreries.

Macao est une presqu'île à l'embouchure du fleuve Si-kiang, dans le golfe de Canton. Elle fut accordée aux Portugais, ainsi que le privilége de s'y retrancher, lorsqu'ils avaient acquis tant de puissance dans la mer des Indes.

Les Portugais et les Chinois furent toujours ennemis, et cette animosité avait été provoquée par l'esprit de religion. Les Portugais traitaient les Chinois d'idolâtres, et ceux-ci les appelaient ignorants, hommes superstitieux et ridicules. En comparaison des Hollandais, des Américains, des Anglais et des Français, les Portugais étaient paresseux, et, en conséquence, pauvres et malheureux. Les Chinois, toujours laborieux, fournissaient aux Européens ce qui leur était nécessaire, et leur servaient de domestiques. Les Portugais avaient des nègres.

Les Portugais de Macao étaient à la fois si pauvres et si corrompus qu'ils louaient leurs maisons aux étrangers, auxquels ils ne rougissaient pas non plus de céder leurs femmes. Les négociants des autres nations auraient eu honte de les fréquenter. Leur misère, leur ignorance des langues étrangères, leur jalousie, leur intolérance religieuse, tout contribuait à cet isolement. L'évêque et les autres ecclésiastiques de Macao détestaient les étrangers, qu'ils regardaient presque tous comme de dangereux hérétiques.

C'est à Macao que la propagande de Rome a un agent (*procuratore*) qui fait passer aux missionnaires répandus dans l'intérieur de la Chine l'argent dont ils ont besoin, et en Italie les néophytes chinois que ces missionnaires ont convertis : car c'est à Rome que leur éducation religieuse s'achève. Maintenant c'est par la France, par les missions de

Paris, que ces relations s'entretiennent à Macao.

C'est là aussi que le fameux portugais le Camoëns écrivit son beau poème de *la Lusiade*. On y voit la grotte où il se retirait pour composer. C'est un endroit commode et très élevé, d'où l'on jouit d'un superbe coup d'œil; on y découvre la pleine mer et les îles qui la sillonnent.

La chaleur de l'été y est suffocante, ce qui fait dire aux matelots que Macao est l'antichambre de l'enfer.

Pendant le long espace de temps où Canton s'est trouvé le seul port ouvert aux étrangers, Macao a toujours été leur refuge ou leur exil, car, sous le plus léger prétexte, au premier différent, le vice-roi ou gouverneur y envoyait négociants et navires, sans qu'il y eût à réclamer. Même en bonne amitié, les résidents européens ont toujours été invités à s'éloigner de Canton à certaines époques.

Quoique nominalement indépendants, tous les autres pays au delà du Gange (excepté ceux que les Anglais s'occupent de coloniser) sont, nous le répétons, soumis à la suprématie du Céleste-Empire, dans lequel ils se trouvent enclavés. C'est pourquoi il semble nécessaire à l'intelligence de l'ouvrage de les passer rapidement en revue.

L'Indo-Chine et les îles de la Sonde renferment plusieurs royaumes et républiques qui ne sont pas sans importance, surtout pour le commerce.

Le royaume d'Ascham, l'empire des Birmans, le Tunkin, la Cochinchine, Camboge, Laos, Siam, Malacca, et les îles d'Anduman, de Nicobar, de Pulo-Condor, de Pulo-Uby et de Pulo-Timon, composent L'Indo-Chine.

Les quadrupèdes les plus communs à ce pays sont : l'éléphant, le rhinocéros unicorne, le tigre, le léopard et l'ours. Dans les forêts errent le buffle, le cerf, la gazelle, le zèbre et le porc-épic.

Les îles de la Sonde, dont les principales sont Bornéo, Java, Sumatra et Banca, se trouvent à l'extrémité de la presqu'île de Malacca, et tirent leur nom du détroit qui est entre la seconde et la troisième de ces îles. C'est par ce détroit que les navigateurs européens entrent dans les mers de la Chine, quoiqu'ils le pussent aussi bien par le détroit de Malacca.

Les Anglais ont levé un plan très exact du détroit de la Sonde. En cet endroit, il n'y a qu'une seule marée en 24 heures. C'est là que se trouvent le hérisson et l'étoile de mer, ainsi que l'holéturie, tous poissons extrêmement rares.

Bornéo est, après la Nouvelle-Hollande, l'île la plus vaste de notre globe. Quoique sous la ligne équinoxiale, elle n'éprouve pas de chaleurs insupportables.

Les riches habitants s'arrachent, dit-on, une ou plusieurs dents de devant pour leur en substituer d'autres en or. Certes, c'est là une extravagance contre nature ; mais nous, peuples civilisés, sommes-nous exempts de ces sortes de folies ? N'est-ce pas une mode générale parmi nous que de se raser le menton et de se donner ainsi l'apparence féminine ? Quelques jeunes gens s'en affranchissent à présent, mais tous les vieillards la retiennent avec entêtement. Lorsque l'ambassade anglaise a pénétré dans l'intérieur de la Chine, le peuple a été tout surpris de voir des hommes sans moustaches et sans barbe ; il en a conclu que, dans nos contrées, les mâles n'avaient point de poil au menton.

Java est une île anciennement soumise à la Compagnie Hollandaise, et dont le chef-lieu est Batavia, ville située au nord-ouest de l'île, et qui fait un commerce très actif avec la Chine et les îles Philippines. Les habitants des côtes s'appellent Malais; ceux de l'intérieur prennent le nom de Javannais. Ils sont tous en général polis, gais, francs et loyaux.

Batavia, dont se sont emparés les Anglais durant les guerres de la grande révolution française, a une population d'environ 180,000 âmes. C'était autrefois le principal comptoir des Hollandais sur les côtes orientales de l'Asie ; et c'est toujours une des villes les plus commerçantes de cette partie du monde. Les étrangers qui s'y établissent s'enrichissent promptement et deviennent voluptueux à tel point qu'ils se font servir par des esclaves femelles.

Batavia a tout ce qui peut en rendre le séjour

agréable, hormis la salubrité, l'air y étant on ne peut plus malsain.

Les vitres des fenêtres sont, à Batavia, remplacées par des écailles d'huîtres dont l'opacité entretient la fraîcheur dans les appartements.

L'île de Sumatra est traversée par une imposante chaîne de montagnes. L'équateur passe sur cette chaîne, et précisément sur le mont Ophir, qui est presque aussi élevé que notre mont Blanc.

A l'extrémité occidentale de l'île est Achem, ville grande et bien peuplée, dont les maisons sont, comme à Venise, bâties sur pilotis; mais à Achem, elles sont faites de roseaux et d'écorces d'arbres. Cette île est presque aussi étendue que l'Italie, ayant 240 lieues de long sur 75 de large. Les Anglais y ont des factoreries.

L'île de Banca a pour capitale une ville de même nom, qui possède un bon port, et dans laquelle le souverain réside. Les Hollandais y avaient un établissement dont les Anglais se sont encore saisis durant la révolution de 1789, et qu'ils n'ont plus voulu rendre.

J'espère que ces notions suffiront à la plupart de mes lecteurs. Je renverrai aux traités de géographie ceux qui désireraient des détails plus étendus sur la Chine et les îles qui l'environnent.

CHAPITRE II.

NOTIONS SUR L'HISTOIRE DE LA CHINE.

L'origine des peuples est toujours mystérieuse comme celle du monde, et celle de la Chine l'est plus qu'aucune autre. Si l'on voulait rapporter tout ce qui a été écrit sur ce sujet, on remplirait des volumes de versions contradictoires, car comment établir avec certitude la première histoire d'un peuple qui a toujours mis le soin le plus jaloux à éloigner toutes communications avec les étrangers; dont la langue inconnue est écrite en différents caractères que ceux des autres langues antiques; dont les Hébreux, les Grecs et les Romains, d'où nous sont venues les lumières, ignoraient l'existence, et dont, avant les historiens, nous n'avions jamais entendu parler. Je ne sais s'il n'y aurait pas plus de témérité à prétendre donner une histoire exacte et suivie de l'empire chinois qu'à promettre celle des habitants de la lune. Je me bornerai donc à transmettre aux lecteurs les faits que j'ai trouvés les plus vraisemblables et les plus illustratifs du caractère de ce peuple si éminemment original.

Les Chinois prétendent à une haute antiquité qui dépasse de beaucoup celle que nous assignons à la création du monde. Huet, évêque d'Avranches, et l'académicien Mairan, abrègent de beaucoup leur généalogie en faisant descendre les Chinois des Égyptiens, tandis que le savant Strass, ordinairement si exact dans ses recherches, les place avant notre déluge universel, c'est-à-dire dans les temps presque fabuleux; pour nous, c'est dans l'éternité. Selon lui, Yao, qui vivait 2,297 avant Jésus-Christ, a été le Noé chinois. Mais les missionnaires affirment que l'inondation qui arriva de son temps n'a été autre chose que le grand déluge. Les chroniques chinoises, cependant, lui donnent une date plus ancienne et lui accordent moins d'importance, étrangères qu'elles sont à la tradition du déluge universel. En tous cas, voici comme elles décrivent ce grand événement :

« Les eaux destructives se sont amoncelées (c'est » Yao qui parle); elles ont couvert les collines et » menacé le sommet des plus hautes montagnes. » Hélas! quel va être le sort de tout ce peuple? qui » viendra à son secours? Le peuple répondit : Voici » Kwan! et Kwan employa dix ans à cette tâche

» sans réussir, et il en mourut de chagrin. Yu, son » fils, fut employé après lui, et, plus heureux, il » délivra le pays de la surabondance des eaux, et » rétablit partout l'ordre. Il écrivit ce qui suit, et » qu'on a conservé :

« Mes pensées ont été sans relâche employées » jour par jour. Le déluge s'élevait haut et s'éten- » dait au large; il ensevelissait les collines et bai- » gnait les montagnes, et le peuple, étonné jus- » qu'à la stupéfaction, y trouvait la mort.

» J'ai voyagé sur la terre ferme en chariot, sur » l'eau en bateau, sur les terrains marécageux en » traîneau; j'ai grimpé les montagnes au moyen » de souliers à crampons; je suis allé ainsi de l'une » à l'autre, abattant les arbres, nourrissant le peu- » ple de viande crue. Dans toutes les parties de la » Chine, j'ai creusé aux eaux un passage vers la » mer, en leur ouvrant neuf lits distincts, et leur » préparant des canaux pour les conduire aux ri- » vières. Les eaux s'étant écoulées, j'ai enseigné au » peuple à labourer la terre et à l'ensemencer; je » l'ai engagé à échanger les choses dont il avait en » trop grande quantité contre celles dont il man- » quait. De cette manière, le peuple a été nourri, et » dix mille provinces rendues à l'ordre. »

D'autres chroniques chinoises, tombant tout à fait dans le merveilleux et l'allégorique, racontent l'histoire de Pan-kou, le suprême architecte, et celle de la tortue mystérieuse, dont nous ferons mention au chapitre de la religion. Les lignes fantastiques tracées sur l'écaille de la tortue ont servi de base et de principes à l'alphabet chinois.

Si Alexandre eût pu s'imaginer qu'il y avait au delà du Gange un empire vaste et florissant, peut-être y eût-il pénétré, et nous saurions depuis longtemps à quoi nous en tenir sur le peuple qui nous occupe en ce moment. On peut dire qu'il est tout à la fois vieux par sa durée, et jeune pour nous, qui commençons seulement à le connaître. Les Nestoriens, dont l'hérésie fut condamnée vers le milieu du septième siècle de notre ère, en donnèrent la révélation à l'Europe, en citant le peuple chinois à l'appui de leur assertion, que le monde était beaucoup plus ancien qu'Adam. Leur secte disparut, et, de la Chine, plus un mot jusqu'au temps des premières missions, en 1246.

Au neuvième siècle, deux voyageurs arabes écrivirent une relation intéressante de ce qu'ils avaient pu entrevoir de la Chine; mais alors l'Europe était au plus fort de la barbarie, et l'ouvrage n'y fut lu que par les Maures d'Espagne.

Ce fut quelques années plus tard que le jeune Marco Polo, de retour d'un long séjour en Chine, où il avait accompagné ses oncles, publia à Venise, sa patrie, un ouvrage qui le fit traiter de romancier, et lui valut le surnom de *messer Marco Mil-*

lione, parce qu'il parlait toujours de million en population, en numéraire, en fabriques, etc., etc. Cet ouvrage, dont on fit alors si peu de cas, parce qu'on était trop ignorant pour l'apprécier, représente la Chine telle que nous la découvrons aujourd'hui. Marco avait eu, pendant ses dix-sept ans d'absence, par la possession parfaite de la langue chinoise, et la confiance de l'empereur, qui l'employa dans plusieurs missions secrètes chez ses voisins, tous les moyens de bien connaître le pays et le peuple dont il parle.

Sans préciser l'époque de leur origine, dont personne ne saurait garantir l'authenticité, il paraît avéré que les Chinois ont été gouvernés par vingt-deux dynasties, dont on sait au moins les noms quand on manque des autres détails. De ce nombre sont la première, celle des *Hia*, et la seconde, celle des *Shang*.

Un empereur de cette dernière famille, auquel on ne donne point d'autre nom que celui de *Shang*, a fait époque dans les sciences. C'est à lui que les Chinois doivent le cycle sexagénaire. Il perfectionna les instruments de guerre et en inventa de nouveaux. Toutes les fois que les savants ne sont pas fixés sur la date d'une ancienne découverte, ils en font honneur à Shang. Il mourut 1384 ans avant J.-C., après en avoir vécu 111. Il avait eu quatre épouses légitimes et plusieurs concubines; toutes ensemble lui donnèrent vingt-cinq enfants. Le célèbre philosophe Confucius descend de cette tige.

La troisième dynastie, celle des *Tschon*, s'établit 1200 ans avant J.-C., précisément au temps de Jephté, d'Héli et de Samson.

La quatrième, celle des *Ta-Tsin*, monta sur le trône environ 300 ans avant J.-C., et ne dura pas un siècle. *Tsin-che*, premier souverain de cette race, fut un conquérant, et réunit sous ses lois tout le pays, jusque alors divisé en plusieurs gouvernements. On lui reproche un acte d'une grande cruauté. Voulant passer à la postérité comme le fondateur de la monarchie, il fit brûler toutes les anciennes archives et enterrer vivants ceux qui pouvaient les avoir lues.

C'est lui qui commença la grande muraille, et qui prit le premier le titre d'empereur.

Dans sa vieillesse, Tsin-che devint le jouet d'un imposteur. Après avoir voulu vivre éternellement dans la mémoire des hommes, il en était venu à souhaiter d'être lui-même, et en personne, immortel sur la terre. Il se trouva un homme qui prétendit connaître une île où croissait une herbe merveilleuse pour échapper à la mort. Aussitôt il fallut faire ce voyage; l'expédition périt, et l'empereur mourut peu après. L'espoir de l'immortalité l'ayant empêché de se nommer un successeur, la couronne tomba sur la tête d'un imbécile.

La cinquième dynastie, celle des *Han*, dura à peu près 400 ans.

La sixième, celle des *Heon-han*, s'établit l'an 222 de l'ère chrétienne, précisément sous le règne de l'empereur Alexandre Sévère, et ne dura que 43 ans.

La septième, celle des *Tsin*, commença 265 ans après J.-C., au temps de Gallien.

La huitième, celle des *Song*, monta sur le trône en 418, lors de l'invasion des barbares en Europe.

La neuvième, celle des *Tsi*, ne dura que 40 ans.

La dixième, celle des *Seang*, s'établit en l'an 500.

La onzième, celle des *Tschin*, ne régna que 60 ans.

La douzième, celle des *Sui*, eut une courte domination qui n'excéda pas 40 ans; mais elle fit plusieurs conquêtes.

La treizième dynastie, celle des *Tang*, fut troublée par les intrigues d'une femme. L'impératrice *Wu-schi*, qui avait exercé sur l'esprit de son mari un pouvoir inouï jusque alors, voulut, à sa mort, faire passer la couronne sur la tête du fils qu'il lui avait laissé. Elle répandit à pleines mains l'or de la corruption, et ses profusions lui formèrent un parti. Le sang coula en abondance, mais sans profit pour elle, car l'élection tomba sur *Tschong*, fils de la première femme de Kao-tsong (en cela moins heureuse que la vivante Marie-Christine, qui, comme elle, a bouleversé son pays pour placer sa fille, Isabelle II, sur le trône d'Espagne).

Sous cette même dynastie, les Tartares firent en Chine une irruption qu'on place en 770 de notre ère. Elle dut être sérieuse, car les chroniques s'arrêtent là, passant sous silence les quatre familles qui succédèrent aux *Tang*, pour ne recommencer qu'à la dix-huitième dynastie, celle des *Heontcheou*, qui, après un règne d'environ 60 ans, fut, en 960, remplacée par la dix-neuvième dynastie des *Song* (1). Les *Song*, après avoir long-temps conservé le trône, en furent renversés par les Tartares Mongols, en 1276. Coblaï-kan établit alors sa dynastie, celle des *Fuen*, qui est la vingtième qui gouverna l'empire chinois.

Ce prince était le petit-fils de Ghengis-kan, et le même qui accueillit si bien les trois Polo. Il prit le nom de *Chi-tssu*, et transporta la capitale de Nankin à Pékin, cette dernière ville l'éloignant moins de ses possessions tartares. Sa race n'occupa le trône que 92 ans. Les conquérants, à mesure qu'ils prirent des mœurs plus douces et le goût des lettres, qu'ils trouvèrent si généralement répandu chez le peuple conquis, lui cédèrent, en échange, leur vigueur et leurs habitudes courageuses; de telle sorte que le dernier empereur d'origine mon-

(1) Le père du Halde, dans son *Histoire de la Chine*, ne laisse pas d'interruption, et donne les quatre dynasties; mais j'ai préféré suivre mes premières chroniques.

gole, *Chun-ti*, fut surpris au milieu de ses femmes, et détrôné en 1368.

La vingt-et-unième dynastie fut celle des *Ming*. *Tai-tssu*, qui en fut le fondateur, descendait des anciens princes chinois. Après avoir débuté de la manière la plus brillante, et doté la Chine de ses plus beaux monuments nationaux, les Ming retombèrent dans les anciennes faiblesses qui avaient jadis perdu leurs ancêtres : même mollesse, même confiance aux eunuques, même crédulité aux imposteurs. Leurs voisins en profitèrent; et sous le règne de *Hoai-tssong*, homme vraiment héroïque, en qui semblaient revivre les grandes qualités des premiers souverains de sa famille, ils attaquèrent la Chine si vivement, qu'ils s'en emparèrent. Hoai-tssong, après avoir combattu jusqu'à la dernière extrémité, entouré des cadavres de l'impératrice et de six concubines, qui s'étaient volontairement donné la mort, fit sauter lui-même, d'un coup de sabre, la tête de sa fille unique, pour l'empêcher de tomber entre les mains de ses ennemis. Ensuite il écrivit au vainqueur pour le prier d'épargner un peuple innocent, et, détachant sa ceinture impériale, il l'employa à se pendre. Cette horrible catastrophe se passait en 1644.

Vingt-deuxième dynastie, les *Tssing*, qui règnent encore aujourd'hui. Leur fondateur, Chon-tchi, paraît n'avoir rien fait de remarquable après la conquête, qui fut marquée par les plus grandes cruautés. Le peuple chinois fut, dit-on, plus que décimé; mais là-dessus les historiens compatriotes n'osent point s'étendre.

Kang-hi, prince d'une grande intelligence, rempli de droiture et de probité, fut le second empereur de cette race. Sous lui, cependant, le pays souffrit encore beaucoup, car l'ouvrage de la conquête n'était pas encore achevé, et la guerre se continuait sur plusieurs points. On cite à ce sujet un fait miraculeux auquel se rattachent la grande célébrité dont jouit à présent le temple d'Honan, et les richesses dont il regorge. Kang-hi avait, dit-on, envoyé son gendre pour qu'il lui soumît l'île dans laquelle est situé le temple. Ping-nan-wang, dont le nom signifie Vainqueur du sud, prit, selon l'usage tartare et chinois, ses quartiers dans le saint lieu. Cet homme sanguinaire, ayant reçu l'ordre d'exterminer les treize villages qui avaient fait une résistance opiniâtre, jeta d'abord les yeux sur le prêtre O-tsze, que le peuple vénérait pour sa grande piété et ses talents supérieurs. Ce vice-roi remarqua qu'O-tsze était gras et bien portant, et il en inféra qu'il n'aurait point tant d'embonpoint s'il ne vivait que de légumes, comme sa religion le lui enjoignait; qu'il était donc un hypocrite, et qu'il méritait la mort. Il tira l'épée pour exécuter lui-même la sentence, mais son bras se roidit subitement, et il fut arrêté dans son dessein. La nuit suivante, un dieu lui apparut en songe, lui assurant qu'O-tsze était un saint homme, et qu'il ne fallait pas le tuer.

Le lendemain matin, le vice-roi se présenta devant O-tsze, confessa son crime, et son bras recouvra aussitôt son élasticité habituelle. Il se soumit alors au prêtre et le prit pour son précepteur et son guide; depuis cette époque, soir et matin, le vice-roi servait le prêtre comme un valet.

Les treize villages entendirent alors parler de ce miracle, et sollicitèrent le prêtre d'intercéder en leur faveur, afin qu'ils fussent sauvés de la sentence d'extermination. Le prêtre intercéda, et le vice-roi l'écouta, répondant ainsi : « J'ai reçu un ordre im- » périal pour exterminer ces rebelles; mais puis- » que vous, mon maître, vous dites qu'ils se sou- » mettent maintenant, qu'il soit ainsi. Cependant, » il faut que j'envoie mes soldats autour du pays » avant d'écrire à l'empereur. Je le prierai alors de » les épargner. » Il fit ainsi qu'il avait dit, et les treize villages furent sauvés. Leur reconnaissance envers le prêtre fut illimitée; ils l'accablèrent de biens, d'argent et d'encens. Le vice roi persuada aussi à ses officiers de faire des donations au temple, qui, de ce moment, devint le plus riche et le plus splendide de tout l'empire.

En 1722, Yong-tching, troisième empereur tssing, succéda à Kang-hi, dont il se montra le digne fils. Il trouva la Chine tout à fait pacifiée et accoutumée au joug de ses vainqueurs; sa tâche fut donc aisée. Cependant on ne peut trop le louer de l'esprit d'humanité qui lui fit rendre l'édit ordonnant qu'à l'avenir aucune peine capitale ne serait exécutée avant d'avoir été présentée trois fois à sa sanction. Il mourut en 1735, et Kien-long lui succéda.

Ce fut sous le règne de ce quatrième empereur, en 1771, que les Tourgouths, peuples pasteurs qui habitaient les rives du Volga, parvinrent à se soustraire aux vexations des officiers russes, et allèrent, avec leurs troupeaux, rejoindre le pays où régnait le grand Kien-long, dont la renommée de puissance et de justice était venue jusqu'à eux. Les Russes réclamèrent leurs sujets, mais Kien-long ne les voulut pas rendre. Les réfugiés avaient marché pendant six mois et soutenu plusieurs combats avant d'arriver dans les états chinois.

Kien-long célébra la cinquantième année de son règne avec un grand éclat. A cette cérémonie il invita le missionnaire Amiot et le jésuite portugais d'Espircha. Kien-long était un homme juste et compatissant, un philosophe ami du peuple, et souffrant beaucoup d'en voir une partie dévouée à la misère et au besoin par les institutions sociales.

Sous le règne de ce grand empereur, la Russie envoya plusieurs ambassades à Pékin. Le délégué qui s'y rendit en 1788, et y séjourna un an, a écrit la relation de son voyage, que ceux qui l'ont vue assurent être fort intéressante.

On rapporte que ce remarquable souverain ayant donné le bouton bleu à un danseur, ce qui l'élevait au rang de mandarin, les censeurs en furent grandement scandalisés, et en firent des représentations à l'empereur. Kien-long alors se justifia par une proclamation publique. Cet incident me rappelle la Légion-d'Honneur donnée par Napoléon au fameux chanteur Crescentini. Il est assez naturel que le prince, qui distribue les places et les décorations à ceux qui servent l'état et la cour, c'est-à-dire à ceux qui lui sont utiles, puisse aussi les accorder quelquefois à ceux qui lui font plaisir.

Akoui fut général et ministre sous Kien-long, dont il fut le bras droit; il a laissé une renommée égale à celle de son maître pour l'esprit de loyauté, les talents et les lumières.

Kien-long, arrivé à l'âge de 86 ans, après en avoir régné 61, abdiqua le trône en faveur de son dix-septième fils, Keu-king, qui monta sur le trône en février 1795. Kien-long se retira dans un palais qu'il avait fait bâtir au milieu d'un superbe jardin, pour y terminer au sein du repos et des lettres sa longue et glorieuse carrière.

J'ai trouvé en Angleterre un portrait de cet empereur. Sa physionomie, sa taille et son maintien, m'avaient inspiré du respect et de la vénération avant de connaître son histoire et ses belles qualités.

Le cinquième empereur fut donc *Kea-king*. Il termina la guerre qui durait depuis trente ans entre la Chine et la Russie. Ces puissances limitrophes ne pouvaient se mettre d'accord pour établir les limites des deux états. On sait que la Sibérie est, sur une grande extension, en contact avec la Tartarie chinoise.

Le sixième empereur de la dynastie Tssing est *Taou-kwang*, qui règne actuellement. Il monta sur le trône le 24 août 1820; il était alors âgé de 39 ans. La dernière guerre avec les Anglais, et les traités qui s'en sont suivis, ont dû donner à ce prince des idées nouvelles, et toutes différentes de celles de ses prédécesseurs. Nous savons déjà qu'il est homme de courage et de probité, et nous pouvons supposer qu'il est aussi homme de tête et instruit.

Voulant être avant tout véridiques et consciencieux, nous n'avons guère donné, dans ce chapitre, que l'histoire des six derniers empereurs, et seulement la chronologie des autres, les savants n'étant pas d'accord sur eux. Ce que nous avons rapporté ne pourra jamais souffrir contestation.

CHAPITRE III.

RELIGIONS, DIVINITÉS, TEMPLES.

Que dire de la religion des Chinois ? La Chine est religieuse sans avoir de religion, c'est-à-dire que toutes y sont tolérées, et que nulle n'y est déclarée celle de l'état. Outre qu'on y trouve des chrétiens, des idolâtres et des mahométans, il y a trois sectes plus généralement répandues, ce sont : celle de Boudha, celle de Fo et celle de Confucius. Ce dernier culte est suivi par tous les gens instruits et par les mandarins et l'empereur lui-même, ou plutôt, ce n'est point un culte, mais une philosophie. Cette classe éclairée ne considère une religion que dans ses effets sur l'esprit du peuple ; pour elle, c'est un moyen de gouverner. Elle veut que la religion vienne en aide aux lois et à la police, et puisse même en tenir lieu.

Examinons ce mélange de religions et les conséquences qui en découlent.

Les boudhistes n'admettent point la création. Ils

pensent que la matière a toujours été, qu'elle est éternelle; cependant ils disent qu'elle aura une fin, que le monde sera détruit au bout d'un kulpu, espace de temps qu'il est impossible à l'homme de calculer.

Les boudhistes reconnaissent une trinité et la représentent dans leurs temples par trois statues colossales, emblèmes du passé, du présent et de l'avenir.

A droite est placé *Kwo-ken-fuh*, la première personne de la trinité, dont le règne est déjà passé. Elle a les mains posées sur les genoux, pour donner l'idée du repos.

Au milieu se tient la deuxième personne, celle qui régit actuellement le monde. Elle a les bras étendus horizontalement, en signe de sa domination. On la nomme *Heen-tae-fuh*.

Vient ensuite *We-lae-fuh*, dont le règne n'est point encore arrivé. Cette dernière personne de la trinité a le bras et la tête dirigés à gauche, comme symbole du futur.

Ces trois statues assises ont, dans la collection de Londres, environ 4 mètres d'élévation. Elles sont toujours de formes colossales; mais ordinairement elles ont une couronne, un cortége de plusieurs statues de moindre dimension, le plus souvent celles des disciples qui se sont distingués par leurs vertus et leurs talents.

Les boudhistes indiquent cinq trinités, dont quatre ont déjà joui de leur suprématie; la cinquième règne maintenant, c'est Gandama ou Boudha. Elle a déjà été au pouvoir 2,400 ans; à la fin de ses cinq mille ans, elle sera, comme celles qui l'ont précédée, remplacée par une nouvelle suprématie. Suivant leurs livres sacrés, chaque divinité canonise six cents millions d'âmes, qui doivent lui former une cour dans le ciel. Jusqu'à présent Boudha n'en a canonisé que vingt-quatre mille; mais comme son autorité durera encore 2,600 ans, il faut espérer qu'il arrivera au nombre de ses prédécesseurs.

Suivant cette religion, la divinité régnante est secondaire et dépendante d'une divinité principale, de laquelle dérive son pouvoir. Boudha est une créature humaine; mais c'est l'homme le plus parfait, celui qui a le plus mérité parmi les six cents millions montés au ciel sous l'empire de la quatrième trinité.

L'homme est, à sa mort, jugé d'après ses actions. Suivant qu'elles sont plus ou moins bonnes, il monte au ciel ou retourne sur la terre, mais dans une condition meilleure, afin d'y atteindre la perfection, qui lui manque encore. Si, au contraire, la somme des mauvaises actions a dépassé celle des bonnes, l'homme retourne sur la terre dans une position pire, et toujours avec égard au degré de culpabilité. De même qu'il y a un ciel pour ceux qui sont parvenus à un très haut point d'excellence, il existe un enfer où sont envoyés ceux dont la perversité a résisté à toutes les épreuves. Là, il n'y a plus d'espoir; c'est un lieu d'où l'on ne revient jamais.

Ce système est à peu près celui de Pythagore. Il est bien remarquable que toutes les religions s'accordent à considérer le séjour de l'homme sur la terre comme un temps d'épreuves seulement, auquel l'âme survit pour passer à un état infiniment meilleur ou plus misérable. Les Juifs, les Egyptiens, les Grecs, les Romains, les Mahométans et les Chinois ont tous admis l'immortalité de l'âme.

La religion de Boudha, non contente d'expliquer les différentes situations de l'homme sur la terre d'après les actions d'une vie précédente, maintient encore des nuances de béatitude parmi les élus. Elle enseigne qu'il y a 22 cieux, dont le plus élevé est le séjour des plus parfaits; viennent ensuite les 21 autres cieux, où les bienheureux sont casés selon leur mérite. Au dessous du dernier se trouve la terre, et plus bas encore l'enfer. Ce lieu a 152 degrés de profondeur. Le premier, le plus rapproché de la terre, est habité par les moins criminels, comme le dernier l'est par les plus coupables.

Tous les reprouvés cependant ne vont point en enfer; ceux qui se sont dégradés plutôt par des vices bas et ignobles que par des actions noires et méchantes sont métamorphosés en ces animaux dont ils renfermaient les inclinations sous une enveloppe humaine. Leur châtiment est de vivre sur le terre, assujettis à ceux qui furent autrefois leurs semblables. Pour eux aussi le temps des épreuves est passé; ils seront brutes à perpétuité, si la perpétuité est vraisemblable.

C'est sans doute d'après cette croyance que les boudhistes s'abstiennent de tuer les animaux; cependant ils en mangent sans scrupule, si l'animal est mort naturellement ou s'il a été tué par des hommes d'une autre religion. Ce dernier cas arrive souvent, la Chine offrant, comme nous venons de dire, un amalgame de toutes les religions et de toutes les philosophies.

La place que les damnés doivent occuper dans l'enfer des boudhistes est décidée par un conseil des dix rois des ténèbres. Mais, avant qu'ils ne prononcent la sentence, la déesse de la Miséricorde, qu'on nomme *Kwan-yin*, vient défendre le coupable et implorer la pitié des juges. C'est comme l'ange gardien des catholiques.

Les châtiments de l'enfer sont tous épouvantables. Les principaux consistent en ce que le coupable est broyé dans un mortier, ou scié entre deux planches, ou encore, à être lié à une colonne de bronze rougie au feu. Les menteurs ont la langue coupée, les voleurs sont précipités du haut d'une montagne dans une vallée hérissée de rasoirs et de poignards.

Des tableaux représentant ces peines des damnés sont suspendus dans les temples de Boudha aux jours de grande solennité. Le docteur Morrison en a fait la description dans un ouvrage illustré de gravures. Les gravures répandues en Europe y ont donné lieu à une grande erreur. On s'est écrié à la cruauté, à la barbarie : on avait, par un quiproquo assez grossier, confondu les supplices de l'enfer avec ceux du code chinois.

Les attributs de Boudha ne sont pas toujours uniformes, et cette divinité n'est pas même représentée partout de la même manière. Tantôt c'est un dieu et tantôt une déesse.

Les bonzes, qui sont ses prêtres, placent devant ses statues des chandeliers, des vases remplis de fleurs et des encensoirs où brûlent des parfums. Les murs du temple sont couverts de riches soieries, sur lesquelles sont brodées des sentences morales ; le plafond est orné de lampes innombrables, qui jettent une grande clarté sur toutes les magnificences de ce saint lieu.

Parmi tous les temples de Boudha, celui d'Honan est le plus fameux, et le plus vénéré du peuple ; il l'est autant que l'était à Athènes celui de Minerve. Les dévots y viennent en pèlerinage des provinces les plus éloignées, comme les Turcs vont à la Mecque, les Chrétiens à Jérusalem et à Notre-Dame-de-Lorette.

Ce temple si riche et si renommé n'a rien de remarquable en apparence. Il est spacieux et élevé ; il est construit comme les autres grands édifices chinois. On y trouve des cours intérieures et des cours extérieures, des portiques, des passages et des corridors qui introduisent à l'autel sacré des trois idoles, lesquelles sont d'argile revêtue d'or bruni, et hautes d'environ vingt pieds. Le plafond est supporté par des piliers entremêlés de lampes immenses.

Les étrangers ne sont admis dans ce temple qu'avec la plus grande difficulté. Il est toujours encombré de prêtres, revêtus de leurs robes sacerdotales, les uns absorbés dans une adoration profonde, les autres vous ravissant par la mélodie de leurs chants respectueux et tendres. Vous croiriez entendre nos moines d'Italie et d'Espagne ; le long chapelet qu'ils tiennent à la main augmente encore votre illusion. L'habitude rend partout l'homme insensible et négligent : malgré leur apparente dévotion, ces prêtres remplissent machinalement les formalités qui leur sont imposées, et, la tâche accomplie, ils passent en riant et en badinant devant les idoles qu'ils viennent d'adorer, et auxquelles ils ne font plus même attention.

Ce qui rend leur ressemblance encore plus parfaite avec certains prêtres de nos climats, les bonzes se rasent la tête, prient dans une langue inconnue, font des processions, adressent des invocations à leurs saints, auxquels ils ont élevé des chapelles; ils font grand usage des cloches, observent le célibat, le régime maigre et les jeûnes.

Malgré toutes ces pratiques austères, ils jouissent de fort peu de crédit parmi les Chinois, qui de leur naturel sont laborieux et industrieux, auxquels par conséquent la vie oisive et paresseuse de ces moines ne saurait convenir.

Les bonzes vivent d'aumônes, et forment une corporation. Quand ils en montrent le brevet, on est obligé de les nourrir pendant trois jours dans les temples où il leur plaît de se présenter.

Outre les bonzes et leur hiérarchie, les boudhistes ont encore un grand-prêtre, qu'on appelle le Grand-Lama. Ce pontife réside dans les montagnes du Thibet, où la population tartare de la Chine va lui rendre hommage.

Les disciples de Boudha s'engagent à observer cinq préceptes, qui défendent :

Le premier, le meurtre;

Le second, le vol ;

Le troisième, l'adultère ;

Le quatrième, le mensonge ;

Le cinquième, l'usage des liqueurs fortes.

En outre, les classes favorisées de la fortune doivent se vêtir pompeusement, et entretenir généralement un luxe proportionné à leurs richesses.

Le boudhisme n'est pas une religion indigène de la Chine, et n'y est pas non plus circonscrit ; il est vénéré à Siam, au Japon, en Cochinchine et dans l'île de Ceylan. Ce culte fut importé de l'Inde vers le premier siècle de l'ère chrétienne. Les missionnaires ont rapporté que Boudha est décrit, dans les livres sacrés, comme le fils du roi de Bénarès, qui régnait 600 ans avant J.-C., et qu'à différentes époques il eut dix incarnations.

Enfin, quoique protégée par l'empereur et soutenue de riches monastères, la religion de Boudha n'est pas celle des mandarins et des savants, qui ne l'estiment guère plus que ses ministres. Ils en affectent quelquefois l'apparence par politique, pour ne point démoraliser le peuple ; mais, comme je l'ai déjà fait observer, ils suivent tous la philosophie de Confucius.

C'est donc dans la partie la plus ignorante et la plus misérable de la population que Boudha trouve ses plus fervents adorateurs. C'est chose si naturelle à l'homme infortuné que de recourir à une puissance protectrice ! les heureux du monde pourraient presque s'en passer. Il est certain d'ailleurs que les pompes extérieures du culte produisent un plus grand effet sur l'imagination, en proportion de ce qu'elle a été moins développée. Quoi qu'il en soit, les bonzes trouvent, dans les classes pauvres de la Chine, leurs disciples les plus dociles et les plus zélés. Ils en sont consultés sur l'avenir, comme l'étaient les aruspices par le peuple Romain. Seulement, au lieu d'interroger les oracles, ils se contentent de mêler des cartes et de secouer des dés; ce sont de vulgaires diseurs de bonne aventure. Comme ils consultent le sort jusqu'à trois fois, et qu'à chaque épreuve la partie intéressée ne manque pas de se trahir, ils peuvent ensuite prononcer sans beaucoup d'hésitation ce qui doit advenir. Ces horoscopes se tirent toujours dans les temples, qu'on tient ouverts à cet effet.

La religion de Fo est vénérée à la Chine, presque à l'égale de celle de Boudha, avec laquelle elle a des points de ressemblance si parfaits, qu'on les confond souvent ensemble. On dit que, d'après les dogmes de ces deux religions, Boudha et Fo ont été des hommes que leur mérite a divinisés.

On dit encore que Fo vint des Indes en Chine, 1027 ans avant J.-C. Il était miraculeusement né à Cachemire, neuf mois après que sa mère y eut avalé un éléphant blanc, et c'est à cette circonstance qu'il faut attribuer la vénération que le peuple de Pégu et celui de Siam ont pour les éléphants de toutes couleurs.

Fo fut déifié à l'âge de 30 ans, et mourut à 79, déclarant à ses disciples que :

« Le néant est la source de toute chose ; que, tout s'étant formé du néant, tout retournera au néant. »

L'athéisme le plus complet est donc la base de cette doctrine, qui devient tout à fait incompréhensible, lorsqu'on lui voit partager les actions en bonnes et en mauvaises, y attachant, comme les autres sectes, des récompenses ou des châtiments après la mort. Comment punir ce qui n'est rien ? comment le récompenser ? Voici comme elle se tire de cette apparente contradiction. Elle proclame que les âmes des justes seront absorbées dans la Divinité, devenant parties intégrales de sa pure essence. Les sectaires de Boudha croient au contraire qu'elles seront autant de divinités particulières.

Le paradis de ces deux religions est assez semblable à celui de Mahomet, à l'exception des houris, car les femmes n'y sont admises qu'après avoir changé de sexe. Faut-il que cela nous étonne ? Suivant notre religion, les âmes seulement entrent au ciel, et les âmes n'ont pas de sexe. Une seule femme y a été reçue, la mère de Dieu ; un seul homme, qui est Jésus-Christ ! Les corps des autres femmes et des autres hommes, suivant le catholicisme, ne trouveront place en paradis ou en enfer qu'après le jugement dernier. Les bienheureux qui habitent ce lieu de délices, dans la religion de Fo, sont purs et répandent autour d'eux une odeur suave ; leur physionomie est riante, leur cœur et leur esprit remplis de bonté et de sagesse.

Les adorateurs de Fo sont persuadés que les actions des hommes sont inscrites sur un grand livre ressemblant à nos registres de commerce. D'un côté, sont marquées les bonnes œuvres, et sur le feuillet en regard se lisent les mauvaises. Au moment de la mort, on fait la balance, et chacun reçoit la récompense ou le châtiment que lui a mérité son règlement. Donc, d'après ces dogmes, leur athéisme est loin d'être absolu comme celui du fameux Spinosa; ils ont ce qu'on peut appeler un déisme mitigé.

Le taux de chaque offense est déterminé, et à la connaissance de tout le monde, dans un ouvrage répandu à cet effet. Chaque délinquant sait ce que sa faute ou son crime lui vaudra, et ce qu'il doit faire pour se racheter. Par exemple, le meurtre d'un de ses semblables est coté 100 à la page des peines, la destruction d'un tombeau 50, l'outrage fait à un cadavre 100; les réprimandes injustes coûtent 3 à celui qui les fait; priver un homme de sa postérité mâle est estimé à 200.

Sur la page opposée on marque 100 au compte de celui qui a sauvé la vie à quelqu'un; de plus, cette action ajoute douze années à son existence. La réparation d'un chemin public, l'érection d'un pont, etc..., sont évaluées à 10. On porte à 30 la cure d'une maladie contagieuse, ou le don d'un terrain consacré à la sépulture. Celui qui établit quelque industrie utile gagne plus ou moins suivant l'avantage qu'en retire le pays. C'est ainsi que sont prévues et taxées toutes les actions, dans cet ouvrage intitulé : *Des mérites et démérites*, véritable code religieux qui peut donner la mesure de la morale, des penchants et des superstitions des Chinois, et qui a une tendance bien sensée, bien philanthropique, dont la société reçoit chaque jour le bénéfice; c'est d'une haute, d'une admirable habileté que de savoir ainsi faire dériver le bien général d'une faiblesse particulière. Ce système, qui d'abord nous fait sourire par sa nouveauté, n'est-il pas préférable aux vaines et inutiles pénitences imposées par plusieurs religions ?

La religion de Boudha et celle de Fo, dont nous avons indiqué les points de dissemblance, se rencontrent d'ailleurs dans bien des circonstances par des points qui leur sont communs. Elles sont toutes les deux originaires de l'Inde; elles ont les mêmes prêtres avec les mêmes costumes, les mêmes mœurs, pratiquant les mêmes devoirs, les mêmes austérités et les mêmes cérémonies. Elles ont, avant tout, la même trinité et les mêmes temples. C'est parler improprement que de les appeler deux religions, ce sont au plus deux sectes d'une même croyance.

C'est peut-être à tort aussi que l'on considère la doctrine de Confucius comme une religion, et lui-même comme une divinité ; car il n'a ni prêtres, ni temples, ni culte d'aucune espèce. Mais il a laissé des ouvrages philosophiques et politiques, que ses sectaires relisent, étudient avec soin et vénération ; ses maximes décorent leurs appartements, et l'empereur se dirige entièrement d'après sa morale, tenant à honneur le titre de son grand-prêtre.

Confucius a dit ne s'être point appliqué aux objets religieux, parce que l'homme n'a pas assez d'intelligence pour comprendre l'essence et la nature de Dieu, et qu'en pareille matière il ne peut qu'extravaguer. Ce grand philosophe s'est borné à l'étude de la sagesse, travaillant avec une ardeur infatigable à éclairer l'esprit et à perfectionner les mœurs. Plutôt que d'employer, comme les autres fondateurs de sociétés, le prestige de la révélation et du surnaturel, il a cherché à promulguer des maximes, à inculquer des principes utiles au bien-être social. Confucius n'a pas voulu tromper les hommes, mais les instruire.

Il est très remarquable que toutes ses doctrines se combinent avec le pouvoir monarchique absolu. Avait-il découvert que le cœur humain fût incliné à accorder à la grandeur, à l'autorité, ce qu'il refuse à la raison ? Ou, semblant honorer le despotisme, voulait-il seulement éloigner du plus faible la lutte périlleuse contre le plus fort ?

« Qui n'aime point ses parents, a dit Confucius,

» n'aime personne; c'est d'eux que nous tenons
» l'existence. Donc, la conserver, la rendre utile et
» respectable, est le premier degré de la piété fi-
» liale. Cette vertu, la base de toutes les autres,
» rend l'empereur puissant et l'empire heureux et
» tranquille. C'est pour cette raison que le souve-
» rain de la Chine est appelé le père et la mère de
» ses peuples. »

Les écrits du philosophe chinois ont attiré l'admiration des missionnaires; ils les ont trouvés, comme les paroles de Jésus-Christ, tout remplis d'amour pour le genre humain.

Outre la philosophie de Confucius, il y en a une autre moins répandue, celle de Tcha-hi, le prince des lettres. Il dit que la mort n'est pas une destruction, mais une décomposition; que l'intelligence remonte au ciel, d'où elle est sortie; que le souffle et la respiration se répandent dans les airs; que les substances solides retombent sur la terre par la force de l'attraction, et que les parties liquides se réunissent à l'eau.

Il y a encore la philosophie de Taou, l'Epicure chinois. Comme le Grec du même nom, dont on a si mal interprété la doctrine, Taou fait consister le bonheur dans la satisfaction que nous procure l'accomplissement de nos devoirs, et non pas dans l'indulgence donnée à nos passions.

Il n'y a donc que Boudha et Fo qui aient des

temples; mais ils y donnent place à tous les dieux dont se compose la mythologie chinoise.

A leur tête on doit placer *Kwan-yin*, divinité supérieure, symbole de la création (qu'ils nient cependant), et de la miséricorde. Ce dieu, parfois déesse, est représenté à cheval sur un dragon, si l'on peut se permettre cette catachrèse. C'est pourquoi cet animal fabuleux se trouve toujours mêlé aux attributs de la puissance impériale.

Wang-shin-choo est le dieu de la longévité. Il est naturellement en grande vénération dans un pays tout patriarcal, où les hommes montent en honneur à mesure qu'ils avancent en années et comptent un nouveau degré de génération. Les marchands et les riches font surtout des présents à cette divinité; les premiers, parce qu'ils croient qu'une longue vie est la condition la plus essentielle à la prospérité du commerce; les seconds, parce qu'ils n'ont besoin que d'exister pour jouir des biens que la fortune leur a procurés.

Une divinité non moins honorée des Chinois, également précieuse au riche et au pauvre, c'est *Kwan-yua*, déesse de la santé. On trouve ses statues dans tous les temples de Boudha, et on les reconnaît à leurs centaines de bras, qui servent à marquer que Kwan-yua travaille sans cesse au bien de l'espèce humaine.

La déesse *Chinte*, la grande protectrice des hommes, est représentée, non pas avec des centaines, mais avec des milliers de bras, qui signifient qu'elle peut atteindre à tous les dangers, à toutes les afflictions, et les éloigner de ceux qui l'invoquent.

Tien-how est le dieu des marins et des navigateurs; qu'il ne faut pas confondre avec *Zoong-hai*, le Neptune chinois. Tien-how, appelé encore *Miao*, a, sur chaque bâtiment, une chapelle ou miao, dont les autels se trouvent entourés de suppliants, qui prennent grand soin de les garnir de fruits, de gâteaux, de confitures, ainsi que de les orner de chandeliers et de réchauds, dans lesquels ils brûlent du papier d'or, d'argent, et, dans les grandes cérémonies, un mannequin qu'ils ont habillé de satin bleu, en le surchargeant de rubans de diverses couleurs. Dans les temps d'orage, ils font fumer l'encens, et allument devant l'image de leur dieu une lampe remplie d'huile de thé. La crainte réveille toujours ou augmente dans l'homme le sentiment religieux.

T'een-hwa est la mère sacrée des enfants malades.

Foo-yin est la protectrice des femmes stériles. Elle tient toujours un enfant dans les bras.

Tae-shin est le dieu de la fortune et de la destinée. Ses prêtres habitent des couvents réunis aux temples de Fo. Aux pratiques observées par les ministres de ce dieu, ceux de Tae-shin ajoutent encore les prières pour les morts, l'adoration des reliques et l'usage de l'eau bénite. Ils se ceignent la tête d'une espèce de rosaire composé de 108 grains.

Les Chinois ont encore *Ti*, le dieu de la terre; *Tien*, le dieu du ciel; et *Zoong-hai*, comme nous venons de dire, le dieu de la mer. Ils ont aussi leur Mars, leur Mercure, leur Cérès, leur Esculape, leur Apollon, etc. Mais on a observé que l'homme du peuple est, en Chine, beaucoup plus révérencieux pour ses dieux familiers et ses pénates; c'est qu'ils se rattachent, pour lui, à la vie de famille, à l'amour de la maison. Ses pénates, il les connaît, il les comprend; les autres sont au dessus de son intelligence. Leur mythologie n'a pas le prestige de celle des Grecs. Par exemple, la peinture si gracieuse et si riante de l'âge d'or est rendue, chez eux, par la description suivante :

« Sous le huitième empereur de la dynastie Chien-Tong, les hommes vivaient dans l'abondance et dans une paix octavienne. Ce souverain se nommait *He-son*, qui est un synonyme de Tranquille. Ses sujets passaient leur temps à ne penser à rien, à ne se soucier ni de ce qu'ils faisaient, ni de ce qu'ils deviendraient. Ils se promenaient sans but, se frappant gaîment le ventre comme un tambour, et ayant toujours la bouche remplie de bonbons. »

Une autre fable bien absurde est celle de *Pan-kou*. Les livres sacrés disent qu'il fut le premier homme; que c'est lui qui découvrit que la tortue mystérieuse porte l'histoire du monde écrite sur son écaille, en caractères tirés de la tête du crapaud. Pan-kou employa 18,000 ans à déchiffrer ces hiéroglyphes. Pendant ce temps, le ciel s'élevait chaque jour de dix pieds, la terre s'augmentait d'autant, et lui-même grandissait dans la même proportion.

Lorsque son ouvrage fut terminé, il mourut. Sa tête devint une grande montagne; ses veines devinrent des rivières; ses cheveux, des forêts; les poils de son corps, des herbes et des arbrisseaux.

C'est au milieu de semblables récits, dans le livre intitulé : *Histoire des Dieux et des Génies*, que les missionnaires ont découvert une description du christianisme, admirable d'exactitude et de simplicité :

« A la distance de 97,000 *le* de la Chine, voya-»ge d'environ trois ans, commence le Se-keang. »Dans ce pays, il y eut autrefois une Vierge nom-»mée Ma-le-ya. Un ange lui annonça que le Sei-»gneur du ciel l'avait choisie pour être sa mère. »Ayant dit ces mots, il disparut; et la Vierge con-»çut immédiatement. Au bout de neuf mois, elle »eut un fils. La mère, remplie de joie et de res-»pect, l'enveloppa dans des linges et le plaça dans »la mangeoire d'un cheval. Une troupe de dieux »célestes chantèrent et se réjouirent dans l'air. »Quarante jours après, la mère présenta l'enfant

» au prêtre, et le nomma *Ya-soo*. Quand l'enfant eut » douze ans, il suivit sa mère pour adorer dans le » temple. En revenant chez eux, ils se perdirent » l'un et l'autre. Après trois jours de recherches, » Ma-le-ya revint au temple; elle y trouva Ya-soo » assis à une place honorable, et causant avec les » docteurs les plus âgés et les plus savants, sur les » œuvres et les doctrines du maître du ciel. Ya-soo » fut très content de revoir sa mère. Il la suivit, et » continua de lui montrer le plus grand respect et » la plus grande obéissance.

» Lorsqu'il eut trente ans, il quitta Ma-le-ya, » pour aller au pays de Yu-te-a, où il enseigna aux » hommes à faire le bien. Il opéra de nombreux » miracles. Les riches et les officiers publics, étant » orgueilleux et méchants, envièrent l'amour et la » vénération dont la multitude l'entourait, et for- » mèrent le projet de se défaire de lui. Parmi les » douze disciples de Ya-soo, il y avait un homme » avide d'argent, qu'on nommait Yu-ta. Connaissant » les sentiments de la plupart de ses compatriotes, » il accepta le gain qu'on lui offrait pour qu'il aidât » à prendre Ya-soo. Il guida vers lui une foule de » gens armés qui le lièrent et le conduisirent devant » A-na-sze, dans le palais de Pe-la-to. Là, ils lui ar- » rachèrent brutalement ses habits, l'attachèrent à » un pilier de pierre, et lui infligèrent plus de 5,400 » coups de fouet, jusqu'à ce que tout son corps en

» fut déchiré ; et pendant ce temps, il était silen-
» cieux et doux comme un agneau. Cette abomina-
» ble populace, prenant un bonnet d'épines, le lui
» enfonça sur la tête, et lui ayant mis sur les épau-
» les un vieux et sale manteau rouge, le salua par
» dérision avec la révérence due à un roi. Ensuite,
» ils firent une machine de bois grande et très lour-
» de, ressemblant au nombre dix (1), et l'obligèrent
» à la porter sur ses épaules. Ce fardeau était si ac-
» cablant que, le long du chemin, il ne faisait que
» tomber et se relever. Ses mains et ses pieds furent
» cloués sur ce bois, et quand il eut soif, on lui don-
» na une boisson aigre et amère. Lorsqu'il mourut,
» les cieux s'obscurcirent, la terre trembla, et les
» rochers en se heurtant se brisèrent. Il était alors
» âgé de trente-trois ans. Au bout de trois jours, il
» revint à la vie; son corps était beau et resplendis-
» sant. Il apparut d'abord à sa mère, afin de la con-
» soler de son chagrin. Quarante jours après, au
» moment de monter au ciel, il commanda à ses
» disciples, qui étaient au nombre de 202, de se sé-
» parer et d'aller par toute la terre pour enseigner
» sa doctrine, et administrer à ceux qui l'embrasse-
» raient l'eau sacrée qui efface les péchés. Ayant
» parlé ainsi, il s'éleva au royaume céleste, où il fut
» suivi par une foule de saints personnages, morts

(1) Les Chinois représentent le nombre 10 par une croix debout.

»depuis longues années. Dix jours après, un dieu »céleste descendit pour recevoir sa mère, qui aussi »monta au ciel. Etant mise au dessus des neuf or- »dres, elle devint l'impératrice du ciel, de la terre, »et la protectrice des humains.»

Que conclure de cette histoire? qui l'a insérée dans le livre où elle se trouve? A-t-elle été écrite par un Chinois ou par quelque missionnaire dont le souvenir s'est perdu? Toutes ces questions doivent rester sans réponse, à moins que nous n'adoptions la croyance, où sont les derniers missionnaires, que l'apôtre saint Thomas était allé en Chine et que les habitants étaient pour la plupart chrétiens avant la première invasion tartare. Selon eux, la mère sacrée est la fidèle image de la vierge Marie; les prêtres de Boudha, de Fo et de Tae-shin représentent, quant à l'extérieur et aux cérémonies, nos moines encore plus que nos prêtres.

Les Chinois, quoique religieux ou plutôt superstitieux, ont cependant, comme nous l'avons déjà dit, peu de respect pour leurs prêtres, leurs idoles et leurs temples; on cesse de s'étonner lorsqu'on sait que le gouvernement protège les bonzes seulement en paroles, laissant du reste aux fidèles le soin de maintenir temples et ministres. Le besoin force souvent les derniers, pour obtenir de l'argent, à des petitesses, à des supercheries, dont les plus malins ne peuvent être dupes.

Les temples de la Chine perdent beaucoup de leur vénération en ce qu'ils servent à différents objets; quelquefois on en fait des théâtres, ou des salles d'audience publique ou de grands festins. Les mandarins y sont logés dans leurs voyages, ainsi que les envoyés des nations étrangères. En 1817, lord Amherst et toute sa suite furent installés dans le temple d'Honan. Alors, comme toujours en circonstance pareille, on transféra les idoles dans une salle adjacente. Loin d'en être contristés, les Chinois riaient, en disant que les Dieux allaient faire une visite à leurs parents.

L'enceinte des temples renferme, outre les maisons des bonzes, une espèce de séminaire où ils élèvent un grand nombre de jeunes garçons, auxquels ils enseignent la théologie, le chant et les psaumes. Ce sont, en réalité, des enfants de chœur. On les prend de sept à dix ans, et on les renvoie à l'âge de seize, pour les remplacer par de nouveaux élèves. Là, se trouvent encore réunies aux temples les bibliothèques de ces prêtres; elles contiennent des milliers de volumes sur des sujets religieux ou moraux. Le temple est, de plus, l'habitation d'une immense quantité d'animaux domestiques, que les dévots de Boudha lui consacrent, pensant que, d'après sa défense de les tuer, l'offrande lui doit être des plus agréables. Grâce à ce sentiment pieux, une foule immense de poulets, de canards, d'oies et surtout de cochons, se promènent à loisir dans ces beaux bâtiments, et y croissent en années et en embonpoint. Cependant on dit que parfois des mains incrédules les mettent mystérieusement à mort; sans doute lorsque leur apparence prospère cesse d'honorer l'hospitalité de Boudha : alors, ils deviennent la nourriture des prêtres qui desservent le temple.

Les boudhistes et les Chinois en général ne connaissent point le repos périodique; ils n'ont, ni le sabbat des Hébreux, ni le dimanche des Chrétiens. Leur travail n'est presque jamais interrompu. Les prières, par la même raison, se disent également chaque jour, et les fidèles y assistent plus ou moins souvent, selon leur temps et leur bonne volonté. Pendant les offices, un prêtre frappe avec un marteau sur une grosse cloche suspendue exprès, afin de réveiller l'attention de Boudha. Un peu plus loin se tient une espèce de bedeau armé d'un marteau plus petit dont il touche une table de métal, pour marquer le moment des prosternations. L'intérieur des temples est orné de portraits de tous ceux qui se sont illustrés par leur savoir et les services rendus au pays. Il y a là toute une armée de mandarins; ils représentent tout à fait les saints du catholicisme.

La religion de Boudha a, comme toutes les autres, ses fanatiques, qui croient faire une grande œuvre méritoire en se séparant de la société, et en se privant de toutes les jouissances que le Créateur nous a accordées. Ils vivent seuls, se cachant au fond des cavernes, de peur de respirer le parfum des fleurs ou d'entendre le chant des oiseaux.

C'est dans cet esprit que le temple de *Sze-nu-sze* a été élevé à la chasteté, et en l'honneur de quatre femmes qui ont pratiqué cette vertu. Partout, on trouve des hommes qui honorent le célibat et surtout la virginité des femmes. Cependant cette pratique, à la bien considérer, est opposée aux lois de la nature, et favorise uniquement des intérêts et des priviléges particuliers.

Après ce que l'on vient de lire, que penser de la religion des Chinois ? Il faut se convaincre que dans ce pays le peuple est religieux ; l'empereur et les mandarins sont des philosophes. La Chine diffère de nous, puisque nous cherchons à rendre plutôt religieux les souverains et ceux qui nous gouvernent : serait-ce pour les dominer à notre tour et par réciprocité?

CHAPITRE IV.

L'AUTORITÉ IMPÉRIALE EN CHINE.

Le système social de ce vaste empire est fondé sur l'autorité paternelle, qui y est entière, illimitée. L'empereur est le chef de la grande famille, qu'il régit avec un pouvoir d'autant plus absolu, qu'il réunit en sa personne la triple qualité de souverain, de père et de grand-prêtre. Au dessous de lui chaque mandarin s'intitule le père des habitants de sa province, le colonel celui de ses soldats. Cette hiérarchie de despotes paternels, que rien ne saurait modérer que leur propre discrétion, nous révolte d'abord et nous paraît odieuse ; mais rassurons-nous en considérant que chaque père a un pouvoir absolu sur sa famille, de manière qu'il est l'esclave de l'empereur et le despote de sa propre famille. La tolérance religieuse des empereurs peut nous donner la mesure de l'indulgence de ces despotes sur d'autres points.

Quoique l'empereur de la Chine soit révéré comme infaillible par ses peuples, il est bien loin de se croire tel lui-même. Il s'adjoint un conseil, qu'on appelle le tribunal des Censeurs, qu'il consulte dans toutes les circonstances importantes. Il interroge, écoute les différentes opinions, et ne prononce que lorsqu'il se croit suffisamment éclairé. Toutes les questions d'état sont soumises aux censeurs, qui sont chargés en outre, et avant tout, de l'examen des lois subsistantes, de la surveillance des cours de justice, des grands officiers de l'empire, des princes et de l'empereur lui-même.

Aucune sentence capitale ne reçoit son exécution qu'après la sanction de l'empereur, qui n'y appose jamais son *exequatur* sans en avoir conféré longuement avec les censeurs. Alors il ne se contente point de sa simple signature ; mais il ajoute ses *considérants*, comme le faisait Napoléon; comme lui, il explique les motifs qui lui font confirmer l'arrêt des tribunaux. De même dans les grands événements, dans les calamités publiques, lorsque l'empereur prend des mesures arbitraires ou plutôt inusitées, il se croit obligé de faire connaître au peuple les raisons qui l'ont guidé et déterminé. Tout ceci prouve que le souverain est de bonne foi et ne fait point trop le despote. Que ferait-on de mieux dans nos pays si libéraux ?

D'ailleurs, l'empereur de la Chine, qui ne connaît point de volonté humaine au-dessus de la sienne, est l'esclave des préjugés, des cérémonies et de l'étiquette, à peu près comme le pape des catholiques. A l'exemple du pontife romain, qui, renfermé dans le Vatican ou dans la cathédrale de Saint-Pierre, est obligé d'y suivre la routine des fêtes religieuses, si fatigantes à ceux qui les représentent, l'empereur de la Chine, le fils du Ciel, est une espèce de divinité qui ne doit ni converser ni communiquer avec les autres hommes. Comme compensation à leur isolement, ces deux souverains sont considérés par leurs sujets, comme les plus savants des hommes.

Le dragon est regardé en Chine comme l'emblème du pouvoir impérial. On le trouve dans les armoiries de l'empereur (qui sont aussi celles de la nation) et sur ses vêtements; il décore les édits qui émanent de ce souverain et les livres imprimés par son ordre.

Le sceau national, appelé *Se*, représente un lion et un lionceau, avec l'exergue : *Bijou des dix mille printemps*. Il est en or et orné de pierres précieuses ; la boîte qui le renferme est ordinairement recouverte de soie jaune.

Cette couleur, qui se rattache à la nuance de l'or, le métal le plus précieux, est celle de l'empereur et de ses descendants directs. Ses meubles, ses vêtements, ceux de la cour, ainsi que les brides de ses chevaux, sont jaunes ; c'est une espèce de livrée adoptée par le fondateur de la dynastie. Celle de Kan avait choisi le rouge, comme Louis-Philippe ; Napoléon avait préféré le vert ; Louis XVIII le bleu.

La couleur est, en Chine, l'emblème du rang. Le jaune est donc, comme nous l'avons déjà vu, consacré uniquement à l'empereur actuel et à ses fils ; ses petits-fils emploient la couleur pourpre ; les princesses, le bleu et le vert. Le bouton rouge des mandarins marque le rang le plus élevé. L'empereur écrit ses édits en vermillon.

Le noir, en Chine, dénote le vice et le crime ; c'est un symbole d'infamie. Les Chinois disent, comme nous, qu'un homme a l'âme noire, pour signifier qu'il l'a dépravée. *Anima nera.*

Le blanc est la couleur du deuil, comme il l'était parmi les Hébreux. Il dénote encore la pureté morale.

La salle d'audience de l'empereur, à Pékin, est un bâtiment élevé, long d'à peu près 40 mètres, et couvert de tuiles jaunes. Les décorations de cette salle sont de la plus grande magnificence. Le plafond est richement sculpté ; les dragons d'or s'y détachent sur un fond vert très bien verni. La tribune est supportée par d'immenses piliers rouge-cramoisi ; les murs sont blancs et polis, mais sans tentures ni ornements ; les fenêtres sont garnies de papier blanc de Corée. A l'entrée se voient deux énormes dragons de bronze. Le trône impérial, placé presque au centre de la salle, est recouvert de drap jaune; sur les marches est étendu un tapis rouge.

L'impératrice a un trône aussi magnifique que celui de l'empereur, seulement les paons sculptés y remplacent les dragons.

La dernière impératrice, la femme de Taou-kwang, l'empereur actuel, s'appelait New-koo-luh. Avant elle on n'avait jamais fait mention des impératrices, qui, simples accessoires du bonheur domestique de l'empereur, ne paraissaient jamais au delà des murs du palais. Mais New-koo-luh semble avoir été une princesse d'un grand mérite; et, à sa mort, un édit fut rendu, dans lequel ses vertus étaient énoncées dans le langage de la plus vive affection conjugale. Cependant il ne faut pas trop se fier à ce genre d'éloges, car quoi de plus facile que de louer un mort?

Le père de Taou-kwang, Keu-king, revenant à Pékin, le 18 octobre 1813, des eaux minérales de Té-hol, des conspirateurs profitèrent de la circonstance pour entrer furtivement dans le palais, et s'en emparèrent. Keu-king fut défendu par son second fils, qui tua de ses propres mains deux des assaillants, et intimida les autres. Le père, reconnaissant, voulant récompenser le dévoûment et le courage de son fils, le nomma son successeur au trône, de préférence à l'aîné. En cela il ne fit rien d'arbitraire, il profita seulement d'un droit qu'ont tous les empereurs, qui peuvent même appeler au trône quelqu'un d'étranger à leur famille. En conséquence, lorsque Keu-king mourut, le 24 août 1820, le fils qui l'avait sauvé d'un si grand péril monta tranquillement sur le trône. Selon l'ancien usage, il choisit un surnom allégorique de ses sentiments et de ses intentions, Taou-kwang : *Gloire de la raison ;* ce qui signifie que, sous ce règne, le peuple sera gouverné par les principes et les lois de la raison.

Taou-kwang est de haute stature, mince, et d'un teint brun. Il est généreux, diligent, attentif aux affaires du gouvernement, économe dans ses dépenses. Il est d'autant plus estimable, qu'il a su éviter les défauts de son père et de ses frères.

Cet usage où est l'empereur régnant de désigner son successeur ne prévient pas toujours l'usurpation. L'histoire raconte qu'à la mort de l'empereur Kang-he, le prince nommé à la succession était le quatrième fils, lequel se trouvait alors faire la guerre en Tartarie. Profitant de cette absence, Yung-ching, qui était seulement le *quatorzième*, s'empara du billet de nomination, et plaça audacieusement le nombre *dix* devant le *quatre*, marqué sur le billet. Il fit ainsi croire aux mandarins et au peuple que c'était lui, *quatorzième* prince, que le défunt empereur avait choisi. Il monta donc sur le trône, et fit arrêter ce frère, qu'il avait déjà frustré de son héritage. Quelque temps après, cet infortuné prince fut assassiné dans sa prison. Toujours et partout l'homme est méchant et cruel quand l'ambition ou l'intérêt est son mobile dominant.

Les empereurs sont appelés *Tien-tsee* (fils du ciel), titre glorieux qui répond à *majesté.*

Dès que les princes du sang atteignent l'âge de douze ans, ils sont assujettis à une vie pénible. Leur gouverneur rend un compte exact de leur conduite et de leurs progrès, surtout dans l'art militaire. Malheur aux jeunes princes si ce rapport ne leur est pas favorable. Leur minorité dure jusqu'à vingt-cinq ans, et ce n'est qu'alors qu'ils prennent leur rang et qu'ils reçoivent une modique pension. Jusque là, ils sont obligés de s'adresser à l'empereur pour toutes leurs dépenses.

Les ambassadeurs des puissances étrangères sont considérés comme hôtes de l'empereur, et, en conséquence, sont entretenus aux frais des villes et des communes.

L'empereur de la Chine envoie ses dépêches par un mandarin, qui voyage à cheval et toujours au pas, parce que la gravité d'un mandarin et l'importance d'une dépêche de l'empereur ne permettent pas de prendre une allure qui ne soit pas digne. La dépêche impériale est portée dans un sac de poil dont l'extrémité inférieure est garnie de sonnettes pour annoncer son approche aux différentes stations, qui sont à environ 18 kilomètres, l'une de l'autre. A son arrivée, il remet le sac à un nouveau mandarin tout monté et prêt à partir.

La route impériale qui conduit de Pé-kin à Thé-hol a 22 myriamètres de longueur. C'est une battue de terre glaise, solide comme le ciment et unie comme l'asphalte. Le dévoûment et la vénération des Chinois éclatent dans le soin extrême qu'ils apportent à l'entretien de cette route; elle est continuellement balayée, de sorte qu'il n'y reste ni la moindre feuille d'arbre, ni le moindre grain de poussière. De 200 en 200 pas, on a construit des réservoirs d'eau, afin que le chemin pût être également arrosé d'un bout à l'autre.

Le grand respect et l'amour des sujets chinois pour leur souverain se manifeste surtout par la crainte qu'ils ont de l'attrister de pénibles images, de sombres idées. Par exemple, personne ne doit mourir dans aucun des palais impériaux, et lord Macartney nous raconte à ce sujet un fait assez curieux. Un homme de sa suite étant mort dans une des résidences de l'empereur, en retournant de Thé-hol, grands furent l'embarras et la stupéfaction des officiers de service. Ils tinrent conseil, et furent tous unanimes en la décision qu'il fallait transporter immédiatement l'irrévérencieux étranger dans l'un des bâtiments extérieurs. Là, pour sauver les apparences, il reçut les visites du médecin, comme si elles lui eussent encore été nécessaires; et, lorsque l'ambassade se remit en route, on plaça le cadavre dans une chaise à porteurs. Ce ne fut qu'à une certaine distance qu'on annonça son trépas, mais comme un événement qui venait d'arriver pendant le trajet. Quelle plus rigoureuse observation de l'étiquette! quelle plus ingénieuse flatterie des faiblesses humaines!

En Chine, comme dans toutes les contrées de l'Orient, le souverain et les princes ne peuvent honorer un homme par un témoignage plus éclatant de leur estime que par le don de quelque objet porté par eux, ayant servi à leur usage particulier.

L'empereur, ayant pris du goût pour le fils d'un ambassadeur anglais, lui fit cadeau de sa bourse. Toute la cour fut surprise d'une distinction si rare et d'une démonstration si affectueuse. C'est que les Chinois ont pour tout ce qui a touché la personne de l'empereur et de ses fils la même vénération que ressentent les chrétiens pour les reliques des martyrs et des saints.

Les peuples de la Chine croient leur empereur le souverain de la terre entière. Ne sortant point de leur pays, ne voyant jamais d'étrangers et ayant abandonné l'étude de la géographie aux savants, ils ont pu conserver un pareil préjugé; mais il est fort douteux qu'ils le conservent après les événements de la dernière guerre et les transactions commerciales qui en sont la conséquence.

C'est dans cette persuasion du pouvoir universel de leur empereur qu'ils ont toujours prétendu assujettir les étrangers à lui rendre les mêmes hommages qu'eux-mêmes. Les jésuites, uniquement dirigés par l'idée ferme et persévérante de faire dominer le christianisme en Chine et de s'y établir, se sont toujours soumis de bonne grâce aux exigences du cérémonial, contre lequel s'est constamment révolté l'orgueil britannique, qui pourtant n'a qu'un but commercial. Le *ko-teou*, la plus humble de toutes les salutations chinoises, lors de l'ambassade de lord Macartney en 1793, et de celle de lord Amherst en 1817, a été le sujet de vives discussions et de fréquents pourparlers. Cette cérémonie consiste en neuf prosternations solennelles, à chacune desquelles le front doit frapper la terre. Il est impossible d'imaginer un signe extérieur d'une plus profonde adoration; l'usage où sont les catholiques de baiser le pied du pape peut seul y être comparé et lui cède encore en humiliation.

De toutes les contrées du globe, il n'en existe point où l'agriculture soit plus honorée et mieux encouragée qu'elle ne l'est en Chine. L'empereur est le patron des cultivateurs, chargé d'invoquer pour eux les bienfaits du Ciel. Tous les ans, au retour du printemps, il se rend avec toute sa cour au lieu nommé *Sien-non-tang*. Là, en présence du peuple qui accourt en foule à la cérémonie, l'empereur laboure lui-même un petit champ. A son exemple, et vêtus comme lui d'une façon analogue aux travaux du jour, les princes de sa famille et les grands officiers de l'état dirigent la charrue et tracent quelques sillons. Le produit du champ labouré par d'aussi nobles mains est soigneusement recueilli, et, selon l'annonce des journaux de la cour, il surpasse toujours en qualité et en quantité ce que, dans la même année, a rendu tout autre terrain d'une égale étendue. Ces journaux se répandent par tout l'empire et consolent les agriculteurs malheureux.

Taou-kwang, l'empereur actuel, durant la disette qui affligea ses états en 1832, répétait, dans les temples de Boudha, la prière suivante :

« Ministre du Ciel, et placé au-dessus des autres » hommes pour rendre les peuples heureux et » conserver la paix du monde, je me sens dans » l'impossibilité de dormir et de manger avec cal» me, accablé de chagrin comme je le suis et trem» blant d'anxiété, jusqu'à ce que des pluies salutai» res et abondantes nous soient accordées.

» Je demande si j'ai manqué de dévotion dans » les sacrifices ; si l'orgueil et la prodigalité ont eu » place dans mon cœur, y germant à mon insu ; si » j'ai négligé les affaires du gouvernement ; si j'ai

» proféré des paroles irrévérentes qui méritent un » châtiment ; si j'ai outragé l'équité dans la distri- » bution des récompenses et des peines ; si j'ai op- » primé le peuple et gaspillé le terrain dans l'érec- » tion des mausolées et des jardins ; si dans la no- » mination des officiers je n'ai point eu soin de » choisir les personnes convenables, et par là ren- » du le gouvernement vexatoire au peuple ; si les » opprimés n'ont eu aucun moyen de se faire en- » tendre ; si les largesses accordées aux provinces » affligées du midi ont été mal réparties, et si l'on a » laissé mes sujets mourir de faim. *Prosterné*, je » supplie le Ciel de pardonner à mon ignorance, à » ma stupidité, et de m'absoudre. Grâce, mon Dieu, » si des myriades de créatures innocentes souffrent » pour les fautes d'un seul homme ! Ayez pitié de » moi ; sans cela, mes péchés si nombreux ne me » laisseront point échapper à un châtiment rigou- » reux.

» L'été est passé, l'automne est arrivé ; attendre » plus long-temps est impossible. Prosterné, j'im- » plore le Ciel et le supplie de nous accorder une » miséricordieuse délivrance. »

Que dire de cette prière, comparable au *Miserere* du roi David ? Serait-elle sortie plus modeste ou plus touchante de la bouche de nos évêques, de celle même de notre pontife Pie IX ?

Les manufactures, cette autre branche de la

prospérité nationale, sont placées sous la protection immédiate de l'impératrice. Elle surveille et encourage la culture du mûrier, l'éducation du ver à soie et la fabrication des étoffes. Digne émule de l'empereur, comme lui, à une époque déterminée, et entourée des dames de sa cour, qui se livrent au même exercice, on la voit recueillir les feuilles du mûrier, et s'asseyant au métier y manier de sa main délicate la navette du tisserand. Voilà par quels moyens intelligents ces souverains si despotes encouragent leurs sujets au travail, et empêchent de se tarir ces deux sources nourricières du pays.

Les empereurs de la Chine s'occupent du matin au soir des affaires de l'état. Ils n'ont aucune distraction, l'intérieur de la famille et les soins du gouvernement composent seuls le bonheur du souverain.

CHAPITRE V.

GOUVERNEMENT, JUSTICE ET MORALE.

Ce qui distingue éminemment l'éducation politique des Chinois de la nôtre, et rend leur gouvernement plus stable et plus facile, c'est qu'ils comprennent mieux le but de toute société. Ils savent qu'en se rassemblant, les hommes n'acquièrent pas seulement des droits, mais qu'ils contractent des obligations. C'est de ces devoirs, qu'ils auront un jour à remplir, qu'on instruit d'abord les jeunes gens, et ce n'est que plus tard qu'on les initie aux droits qu'en échange ils auront à revendiquer.

Tout le système gouvernemental étant basé sur l'autorité patriarcale, la piété filiale est le premier sentiment qu'on inculque aux enfants, mais sur une grande échelle, mais illimitée, en y rattachant toutes les autres vertus.

L'empereur donne l'exemple à tous par le respect qu'il témoigne à sa mère. Il lui rend publiquement l'hommage que les autres hommes ne doivent qu'à lui seul. En un mot, quand elle est assise sur le trône, il la salue par les génuflexions du ko-teou, que nous avons déjà expliquées.

La puissance paternelle ne diffère de celle du souverain qu'en ce qu'elle est encore plus étendue. Elle ne prend conseil de personne, et ne rend jamais de compte. Elle est revêtue du droit de vie et de mort, dont, même après l'arrêt des tribunaux et l'approbation des censeurs, l'empereur n'accepte pas la responsabilité sans émotion.

Ce droit des parents est pour nous une chose inouïe et bien redoutable. Mais M. Davis, qui a vécu long-temps en Chine, assure qu'il n'a que bons effets, le sentiment de la nature étant une sauvegarde contre les abus qui peuvent en découler. D'ailleurs les parents vivent rarement seuls avec leurs enfants ; un même toit couvre souvent trois ou quatre générations avec leurs différentes branches, et la présence des vieillards est un grand frein à l'impétuosité de la jeunesse, que calment leur autorité et leur exemple. La surveillance paternelle, qui a toujours l'œil sur la famille pour prévoir ses besoins, pénétrer ses pensées et s'opposer à ses écarts, est un puissant auxiliaire à l'action du gouvernement, auquel elle fournit des sujets tout façonnés à l'obéissance. Les familles chinoises peuvent être comparées à des escouades militaires ; elles sont soumises à leurs chefs comme les soldats à leurs caporaux. Cette vie collective, on peut dire phalanstérienne, a, de plus, l'avantage de l'économie. Malgré la réunion de tant de personnes en un petit espace, on y jouit d'une bonne santé. C'est que les Chinois vivent beaucoup en plein air, et ne sont jamais gênés dans leurs vêtements, qu'ils approprient aux saisons.

A la porte de chaque maison est suspendue une tablette sur laquelle sont inscrits le nom et l'âge de chaque membre de la famille, y compris les domestiques et les esclaves, s'il y en a. Cette mesure a pour but de faciliter la surveillance de l'officier chargé de la police de la rue. Son service est encore rendu plus aisé par l'existence des portiers, qui sont tous placés sous sa dépendance. Dans un tel ordre de choses, la fraude semble impossible, et cependant nous tenons de bonne source que les abus sont encore assez communs. L'officier de police ne vérifie presque jamais, s'en rapportant à la tablette ou *mun-pue*, et à la déclaration du chef de la famille, qui, parfois, sont toutes deux inexactes. Si l'on désire connaître quel intérêt peut porter à ce déguisement de la vérité, nous ferons savoir que les mun-pue ont été établies principalement pour simplifier le mode de recrutement et la levée des impôts, qu'il y a des taxes personnelles, et que le troisième enfant mâle doit toujours porter les armes lorsque des cas urgents le requièrent.

Tous ces officiers de police dépendent d'un chef qui a la surveillance générale de la ville ou d'un village; ce chef relève du gouverneur de la province, qui communique directement avec le ministre ou l'empereur. Chaque supérieur est responsable de la conduite de ses subordonnés.

Cependant il y a des endroits éloignés de la capitale, qui se trouvent tout à fait sans officiers, soit par oubli, par négligence, ou par leur peu d'importance aux yeux du gouvernement. Alors ils se forment en communes et se nomment, dans leur sein, une espèce de maire ou de bourgmestre, qu'ils salarient, qu'ils conservent aussi longtemps qu'ils sont contents de sa gestion, et qu'ils remplacent sans consulter personne. Quoique ce chef ne soit revêtu d'aucun rang officiel, il a une force armée plus ou moins nombreuse; il décide les questions, inflige les peines et se met en relation avec le mandarin du district, qui le reconnaît comme le mandataire de ses électeurs. Voilà comment les idées républicaines se s'ont fait jour même dans un pays despotique.

Quelques Anglais, récemment arrivés de la Chine, prétendent même qu'ils y ont vu des sociétés secrètes, moitié religieuses, moitié politiques.

Quoi qu'il en soit, et malgré cette imprévoyance de l'administration, on pourrait dire que la Chine regorge d'officiers civils : chaque province n'en comptant pas moins de 12 à 15,000, sous les ordres du mandarin en chef, qui porte le nom de *Tsung-tuh*, que les Européens de Canton ont traduit par vice-roi.

La protection du mandarin peut-être réclamée, à toute heure du jour ou de la nuit, par celui qui en a besoin; mais le pétitionnaire encourt une légère punition, s'il trouble et importune ses magistrats sans nécessité.

Par une mesure très prudente, on ne peut point remplir de fonctions publiques dans la province où l'on est né, non plus que dans celle où l'on s'est marié, et l'on ne reste jamais assez long-temps dans le même poste pour y former avec les habitants de trop intimes liaisons. Tous les trois mois l'autorité fait publier le nom, le lieu de naissance, etc., de chaque employé; et tous les trois ans le gouverneur de sa province envoie à l'empereur des notes détaillées sur sa conduite et sa capacité.

De ce rapport dépend son avancement, quelques fois sa dégradation. Dans ce cas, sa première proclamation, dans un emploi inférieur, doit faire mention de sa punition et des causes qui l'ont motivée.

En Chine il n'y a point de noblesse, point de priviléges de naissance, point de places héréditaires. Chaque homme ne doit qu'à son seul mérite ses titres et son rang. On cite à ce sujet l'étonnement de l'empereur actuel, lorsque, parcourant un livre de la pairie anglaise qui renfermait les portraits de tous les nobles lords, il s'arrêta devant celui d'un enfant de 8 à 10 ans qui s'y trouvait décoré du titre de duc, correspondant à celui de mandarin à bouton rouge ou de grand homme. — Ce ne fut qu'après explication que Taou-kawng comprit que beaucoup de ces hauts personnages n'avaient fait rien de plus que ce bambin pour mériter une telle distinction. — Mais sa surprise fut au comble lorsqu'on lui apprit que chez nous non seulement la noblesse est héréditaire, mais que les hommes en tirent plus de vanité à mesure qu'ils s'éloignent de l'ancêtre qui la leur a gagnée.

A quelques classes qu'ils appartiennent, tous les Chinois doivent posséder également la fermeté, la prudence, la bonne foi, l'amour du prochain et celui de l'ordre; qualités sans lesquelles on ne peut remplir ses devoirs sociaux.

Il y en a de cinq espèces :

1° Entre souverain et sujet ;

2° Entre père et fils ;

3° Entre époux ;

4° Entre amis;

5° Entre jeunes gens et vieillards.

Ces devoirs sont rappelés sans cesse à l'esprit des individus par les maximes de morale qui sont inscrites sur les murs des temples, sur ceux des habitations particulières, et brodées, comme nous venons de dire, jusque sur les vêtements. De plus, il se fait tous les quinze jours une lecture publique des livres sacrés, où la piété filiale est surtout recommandée et se trouve renfermer tant de vertus que nous Européens ne lui aurions jamais supposées. Par exemple, nous aurions bien compris que la piété filiale nous engageât d'abord envers nos parents, puis envers le souverain et nos autres supérieurs; mais nous n'aurions pas eu l'idée de l'étendre au courage guerrier, à l'accomplissement des promesses, à celui des devoirs de son état.

« La piété filiale, dit une maxime chinoise, est » un don du Ciel et le premier devoir de l'homme.

» Celui qui en manque n'a donc jamais considéré » la tendresse des parents pour leurs enfants. Lors» que ceux-ci viennent au monde, et long-temps » après, ils ont faim et soif, ils ont froid, ils sont » incapables de se nourrir et de se vêtir; mais leurs » parents veillent sur eux, étudient l'expression de » leurs traits et interprètent leurs cris. Les parents » se réjouissent quand leurs enfants sourient, s'af» fligent quand ils pleurent, et refusent la nourri» ture et le sommeil s'ils sont malades. N'est-il » pas juste qu'en retour de tant de soins et de dé» vouement, ces petites créatures devenues hom» mes rendent à leur père et à leur mère l'affec-

» tion la plus tendre et le respect le plus soumis? »

Si nous ne craignions de fatiguer le lecteur, nous lui donnerions un grand nombre d'autres maximes où respire également la plus haute sagesse; mais nous nous bornerons à observer qu'elles enjoignent surtout l'économie et le travail des champs.

« Une fortune (disent les Chinois) est comme » une source; la modération et l'économie sont les » digues qui la retiennent. Si le courant de l'eau » n'est pas réglé, son lit sera bientôt à sec. »

Ailleurs ils disent : « Ne quittez pas les champs » ni les ateliers pour courir au temple. Réfléchissez » bien qu'au temple vous n'êtes utile qu'à vous- » même, tandis qu'aux champs et à l'atelier vous » l'êtes encore à votre famille et à la société en- » tière. »

Si, dans ce chapitre consacré au gouvernement, nous parlons tant d'éducation que nous semblons en faire notre sujet principal, nous rappellerons que ces deux branches si distinctes en nos pays ne le sont point en Chine, que le gouvernement compte sur les chefs de famille pour lui préparer des sujets; ou, si l'on aime mieux, chaque maison est un petit gouvernement relevant de celui de l'empereur.

Là, on imbibe avec le lait de l'enfance les sentiments qui doivent guider l'homme social pendant tout le cours de sa vie; là, on s'instruit de bonne heure des lois et des peines attachées à leur infraction ; on y apprend le code, au lieu d'un catéchisme dans une langue inconnue.

Supérieur à ceux de l'Europe, ce code ne défend pas seulement le mal, mais de plus ordonne le bien. Outre le respect filial, le travail et l'économie, il enjoint l'union, l'humilité, le pardon des injures, l'esprit de conciliation, la vérité, le soin de la jeunesse et l'instruction des ignorants. On est fâché, au milieu de lois si sages qu'elles ne cèdent en rien aux préceptes religieux les plus purs, de rencontrer, marchant de front avec elles, des règlements disparates et tournant plus ou moins au profit du despotisme : « la poursuite acharnée qu'on doit faire au déserteur, et l'exactitude extrême avec laquelle on doit payer les impôts. » Ces fautes, ou plutôt ces faiblesses, que nous trouvons parmi des lois d'ailleurs admirables, nous empêchent d'oublier que l'homme est toujours homme et partant imparfait.

Mais, avec ses puérilités et même ses injustices, le code chinois n'en est pas moins un chef-d'œuvre, si nous le jugeons d'après ses résultats. Les crimes et les exécutions sont très rares dans le pays. Il y a de grandes villes où se trouvent des vieillards qui n'ont jamais vu, ni entendu mentionner aucune peine capitale. Il est vrai que la surveillance si vigilante des officiers de police, empêche bien des crimes que les lois seules seraient impuissantes à prévenir. Le gouvernement chinois est plus occupé à prévenir qu'à punir. Notre système est bien différent : nous laissons aux gens toute liberté de commettre, ensuite nous punissons. Le contentement, le bien-être des Chinois peuvent donner quelques doutes sur le degré d'indépendance qu'on doit accorder à l'homme en société.

Le bambou est en Chine l'instrument de supplice le plus usité ; la dimension en est calculée, ainsi que le nombre des coups, avec une grande attention au degré de culpabilité.

La cangue ou carcan est une espèce de pilori ambulatoire, un caisson formé de quatre planches, dont sortent seuls la tête et les pieds du condamné, qui est ainsi promené par les rues. Dans cet état, il ne peut porter les mains à la bouche, et ce sont des gardiens qui le nourrissent, car quelquefois la punition dure plusieurs jours.

Les petits vols et autres légers délits sont châtiés d'une manière singulière, mais très fréquente à Canton. Précédé d'un soldat frappant sur un instrument de cuivre dont le son éclatant attire la foule, le coupable s'avance la tête ornée de deux petits drapeaux qu'on y a fixés, en lui déchirant les oreilles avec les flèches auxquelles ces drapeaux sont attachés. Ce n'est pas tout, un autre soldat, armé d'une verge, suit le misérable, dont le dos nu et sanglant témoigne des coups qu'il reçoit tant que dure la procession.

Ces peines, comme toutes celles qui ne sont point capitales, se peuvent commuer en une amende pécuniaire, la privation de l'or étant considérée comme un véritable tourment; mais les pauvres paient de leur personne, et en cela du moins quelques codes européens ont l'avantage, puisqu'ils ont établi l'égalité des châtiments.

Il y a trois manières d'infliger la peine de mort : la strangulation, la décollation, et le *ling-che*, que les étrangers traduisent par « lacération en dix mille morceaux », mort lente, infâme et seulement appliquée aux traîtres. Le crime de lèse-majesté n'y condamne pas le coupable seul, mais tous les membres de sa famille, sans en exempter les enfants au berceau : c'est ce que les Chinois appellent extirper les racines.

En 1829, le code ayant été revu par l'empereur actuel, Taou-kwang, il mitigea la peine pour les enfants mâles, qu'il condamna à la mutilation; et son peuple admira, comme un acte de clémence, ce qui nous semble encore si barbare. Du reste c'est là le fanatisme des Chinois, si tolérants en religion et sur tant d'autres points. Il ne faut attendre d'eux ni justice ni indulgence dès qu'il s'agit de leur empereur, de leur père commun.

Contre lui rien n'est sûr, ni la propriété, ni la liberté, ni la vie.

Par exemple, les lois, déjà si sévères contre les débiteurs, deviennent tout à fait cruelles si c'est l'empereur qui se trouve le créancier. Le moins qu'il puisse arriver au misérable accusé, s'il parvient à prouver que des malheurs seuls le rendent insolvable, c'est d'être envoyé dans les nouveaux établissements de la Tartarie, après avoir vu vendre ses femmes, ses enfants et toutes les propriétés qu'il pouvait avoir. S'il est convaincu de fraude, il est étranglé.

Comme on le voit, outre les châtiments corporels, les Chinois ont encore l'exil, la déportation et l'asservissement. Ces dernières peines sont presque toujours réservées aux débiteurs insolvables.

Dans les cas ordinaires, le débiteur est passible du bambou. Pour se soustraire au supplice, il prend souvent la fuite; alors les créanciers collent sur la porte de sa maison les comptes dont il leur est redevable. Quelquefois ils s'emparent de tout ce qu'il a laissé, sans en excepter ses femmes et ses filles, qu'ils emmènent chez eux; mais cette dernière sévérité n'est pas très fréquente, n'étant pas autorisée, mais seulement tolérée par les lois.

Ajoutons que le sentiment de la piété filiale semble si naturel aux Chinois, qu'un fils est admis à souffrir tous les supplices, excepté la mort, afin de les épargner à son père.

La législation chinoise s'est beaucoup occupée du vol, comprenant combien, dans une société composée de riches et de pauvres, il était important de prévenir ce crime. Les trésors et les denrées doivent être renfermés, les manufactures et les propriétés surveillées. Si l'on manque d'avoir ce soin, on est censé avoir abandonné son bien, et l'accusation de vol n'est point reçue. Le vol le mieux établi n'est jamais puni de mort, à moins qu'il n'ait été accompagné d'assassinat.

Le genre de procès que nous désignons sous le nom d'affaires civiles est très rare en Chine. L'union qui existe dans les familles fait que les intérêts des différents membres se règlent à l'amiable, de sorte que les salles d'audience sont plus remplies de solliciteurs que de plaideurs. Il n'y a ni avocats, ni avoués : ils n'y trouveraient pas à vivre. La personne incapable de défendre elle-même sa cause rencontre toujours quelque savant, quelque philantrope, dont le talent vient en aide à sa jeunesse ou à son ignorance.

Les juges chinois exigent des documents écrits, attachant peu d'importance aux preuves orales et se défiant peut-être des séductions de l'éloquence. Ce bon sentiment devrait également les empêcher de recevoir des parties adverses des cadeaux et des visites, qui mettent en doute leur intégrité.

Dans les affaires criminelles, quand l'accusation a peu de gravité, le prévenu peut se justifier par un serment solennel, accompagné de cérémonies religieuses. Mais dans les cas plus sérieux on l'applique à la question pour lui faire avouer le crime; cela, bien entendu, n'a lieu que dans les affaires criminelles, lorsqu'il s'agit de la vie ou de la mort. Par une absurdité odieuse, dans tous les pays où se pratique la torture on a le soin de la rendre infiniment plus douloureuse que le supplice qui doit suivre; de sorte qu'un homme faible et peu attaché à la vie a tout intérêt à se perdre lui-même : horrible injustice d'ailleurs, puisque l'accusé est censé innocent tant que la condamnation n'a pas été prononcée.

Dans ces accusations capitales, le prisonnier a le droit de faire appeler tous ses parents à trente lieues à la ronde, afin qu'ils assistent aux plaidoiries, si l'on peut donner ce nom à la manière expéditive dont se dépêchent toutes les affaires de justice, même celles qui entraînent la mort ou la déportation. Il n'y a point de jury. Un seul magistrat, après avoir écouté les témoins, et la défense de l'accusé agenouillé devant lui, prononce la sentence de mort; mais elle ne reçoit son exécution qu'après (comme nous l'avons dit) avoir été présentée à l'empereur.

Cependant, dans quelques cas particuliers, le magistrat n'attend pas l'approbation de son souverain, mais se fait délivrer, avec certaines cérémonies, le *wany-ming* ou arrêt de mort, signe d'autorité qui est à cet effet déposé chez le gouverneur de chaque province. C'est une planche verte sur laquelle sont écrits ces mots : *Ordre de l'empereur*. On la porte devant le criminel marchant au lieu du supplice ; arrivé là, il s'agenouille, la face tournée vers le palais impérial, et reçoit le coup fatal dans l'attitude de la plus profonde résignation. Souvent dans la même heure il a été condamné et exécuté.

Cette justice sommaire est des plus usitées dans les sentences moins graves et qui portent seulement des peines corporelles. Aussitôt qu'il a été rendu, l'arrêt reçoit son exécution ; et le justicié retourne immédiatement chez lui, pour s'y faire soigner, ou poursuivre ses occupations habituelles. Cette promptitude serait peu regrettable, si elle était accompagnée de discernement et d'indulgence ; malheureusement ce n'est pas toujours le cas : il y a force condamnations, et bien peu d'acquittements. Le peuple a une expression qui peint vivement la condition infortunée des accusés : « La viande est sur le billot, disent-ils ». C'est qu'en Chine, moins qu'ailleurs, il n'est pas aisé de se tirer des mains de la justice.

En tête du gouvernement chinois, se doit naturellement placer l'empereur, la source et le centre de tous les pouvoirs de l'état. S'il s'adjoint des assistants dans la direction de son vaste empire, c'est qu'il la sent au dessus des forces d'un seul homme, et s'il recherche leurs opinions, c'est uniquement pour s'éclairer, et non pas parce qu'il renonce à son droit de décision ni à aucune partie de son autorité. Lorsque ses conseillers ont manqué de le convaincre, bien qu'ils soient unanimes entre eux, c'est toujours son opinion, son arrêt qui est suivi, qui fait loi.

Ses aides immédiats sont les censeurs, les conseillers d'état, les conseillers privés et les ministres.

Les censeurs occupent le plus haut rang après l'empereur, et sont les seuls, parmi ses sujets, sur lesquels il n'ait point le droit de vie et de mort. Un avis trop sincère ne les expose qu'à perdre la faveur du prince; mais pour des courtisans est elle peu de chose? Leur place est *inamovible.*

Sans remplir de fonctions déterminées dans l'état, les censeurs doivent avoir l'œil à tout et possèdent le droit de contrôle et de réprimande sur tous les officiers du gouvernement, de quelque rang qu'ils soient. La conduite même de l'empereur est comprise dans leur inspection.

Ils sont au nombre de 50, et le siége de leur conseil est à Pé-kin; mais ils y sont rarement tous à la fois, leurs devoirs les appelant sans-cesse à parcourir les provinces. Ils connaissent tout ce qui se passe dans l'empire, et chaque jour portent les affaires du moment au conseil privé de l'empereur, qui, selon qu'il le juge à propos, les communique ou non à son conseil d'état. Les censeurs et les autres conseillers, étant regardés comme les plus savants du pays, après leur souverain, les décisions prises dans ces assemblées passent pour des oracles, et, comme telles, sont enregistrées dans des livres où pourront les consulter les administrateurs à venir. C'est ainsi que de temps immémorial, et grâce à cette vénération pour les ancêtres, la nation chinoise roule dans une éternelle routine.

Il y a sept ministères : six pour l'intérieur, et un seulement pour les affaires étrangères. Jusqu'à présent, les fonctions de ce dernier étaient peu importantes, se bornant à traiter avec les petits états tributaires, à surveiller les interprètes, et à régler le cérémonial avec lequel on devait recevoir les barbares, c'est-à-dire les étrangers.

Les six ministères ou bureaux de l'intérieur sont :

1° Celui des nominations, qui s'occupe spécialement des officiers civils et de tout ce qui les concerne ;

2° Celui des finances, qui a trois trésoriers : l'un pour les métaux, l'autre pour la soie, et un troisième pour les couleurs fines ;

3° Le ministère des rites et cérémonies, qui a la direction de l'enseignement, de la morale publique et des lois somptuaires;

4° La guerre et la marine, réunies en un seul ministère;

5° Le ministère de la justice;

6° Celui des travaux publics.

Il paraît que l'intelligence de l'homme le porte partout à suivre la même route; car les Chinois, sans communiquer avec nous, ont pris des mesures semblables aux nôtres. Leurs impôts, si l'on peut se flatter d'avoir découvert ce qu'il est toujours si difficile de connaître, sont de 200 millions de taëls, correspondant à 1,580 millions de francs.

Ces revenus se forment de l'imposition foncière, de l'imposition personnelle, des taxes sur le sel, le thé, et généralement sur le commerce soit à l'intérieur, soit à l'extérieur.

Il paraît que le cadastre se fait avec une exactitude minutieuse, et que la plus grande partie des impôts est payée en denrées et en marchandises, ce qui complique les détails de l'administration, et l'oblige à se procurer d'immenses magasins; mais le peuple éprouve du soulagement sans que le gouvernement y perde rien.

Outre ces dépôts, où il renferme ses richesses, le gouvernement chinois en a encore d'autres, des espèces de greniers d'abondance, qu'il remplit lorsque les années sont bonnes, afin de les ouvrir au peuple dans les temps de disette. Cette prévoyance fait que les aliments de première nécessité, tels que le riz, le maïs, les haricots, etc., y sont toujours à un prix modéré. Lorsque la misère est trop grande, le gouvernement distribue ces provisions gratis.

Après avoir parlé de cette prévoyance paternelle, il est presque inutile d'ajouter qu'on ne permet pas au commerce d'accaparer les denrées pour spéculer dessus.

Dans nos contrées, nous avons des hospices pour les malades et pour les orphelins, mais nous laissons aux conseils de la religion et à la compassion le soutien des pauvres; nous donnons bien peu pour établir des asiles où celui qui n'a ni pain, ni abri, ni vêtements, puisse se réfugier. En Chine, il y en a dans toutes les grandes villes; les opulents sont contraints d'y apporter de leur superflu, afin que les malheureux y trouvent le nécessaire. Cette mesure de charité en est encore une de morale et de bon ordre; elle prévient le vol, où le misérable est souvent poussé par la faim. Grâce aux soins et au bon esprit du gouvernement, la classe des pauvres, comme celle des riches, est peu nombreuse et de beaucoup dépassée par la classe moyenne. Sans noblesse héréditaire et sans priviléges, cet heureux résultat ne pouvait manquer d'après de telles institutions.

Le peuple chinois a peu de liberté certainement; mais il possède plus de véritable bonheur qu'aucun autre de l'Asie, et même de l'Europe : car notre indépendance est plutôt fantastique que réelle.

Les Chinois, au contraire, trouvent de l'aide en tout ce qui leur est utile, et des obstacles en ce qui pourrait leur nuire. Le jour, aussi bien que la nuit, les rues sont gardées par des espèces de gendarmes munis d'une épée et d'un bâton pour disperser la foule en cas de rixes ou d'incendie.

Depuis sa réunion avec la Tartarie, la Chine a joui d'une paix constante, que sont venus troubler momentanément ses démêlés avec l'Angleterre. Elle entretient cependant une armée; mais, depuis plusieurs siècles, elle ne s'en était servie que pour apaiser des émeutes ou maintenir le bon ordre. Ces places, dans le militaire, sont recherchées avec empressement comme moyen additionnel d'existence, car elles ne donnent qu'une considération inférieure à celle dont jouissent les officiers civils. C'est que, parmi ces derniers, le plus minime emploi ne s'obtient qu'après avoir subi des examens, et qu'il est inutile de s'y présenter si l'on ne jouit pas, ainsi que sa famille, d'une bonne réputation, si l'on a jamais eu des démêlés avec la justice, si l'on manque de courage ou de force physique.

C'est par cette attention à élever le mérite, par la vigilance de sa police, sa tolérance religieuse, son éligibilité aux emplois et à toutes les dignités, son système de responsabilité des parents et des supérieurs, et les soins extrêmes donnés à l'éducation de la jeunesse, que ce vaste empire est parvenu à ce haut degré de force et de stabilité. Bien plus que son éloignement et ses barrières naturelles, la sagesse de ses institutions l'a défendu de l'envahissement étranger et des révolutions intérieures.

CHAPITRE VI.

MANDARINS ET NOBLESSE.

Le nom de mandarin a été inventé par les Portugais; *Kuan-kuan-fu* est celui que les Chinois donnent à leurs officiers publics.

Les mandarins sont donc les employés du gouvernement, et nous pouvons les comparer aux nôtres, à partir d'un juge de paix, d'un commissaire de police, d'un maire de village, et ainsi de suite par gradation en remontant jusqu'à l'empereur. On prétend qu'il y a en Chine au moins 33,000 mandarins; il y en a d'armes, de lettres et de justice.

Sous leur point de vue le plus important, celui de leurs fonctions, les mandarins nous sont déjà connus en partie. Il ne nous reste plus qu'à les examiner en eux-mêmes et dans les honneurs dont on les environne.

On répète tous les jours qu'il n'y a point de noblesse en Chine; on se trompe, et il serait plus exact de dire seulement qu'elle y est de deux espèces, l'une héréditaire et l'autre officielle.

La première se compose de tous ceux qui ont quelque affinité avec le souverain; tels sont les princes de sa famille : ils vivent dans l'enceinte du palais impérial, ayant du reste peu d'influence dans le pays. Appartiennent encore à cette classe les descendants directs de Confucius, à présent en bien petit nombre.

La véritable noblesse du céleste empire, ce sont les mandarins. Ils forment une aristocratie nombreuse, brillante, et d'autant plus vénérée qu'elle ne doit son élevation qu'à son mérite personnel. Le titre et les fonctions de mandarin ne sont point héréditaires; ils se confèrent aux hommes instruits qui ont passé des examens et justifié d'une réputation intacte.

Il y a des mandarins simplement titulaires, auxquels le gouvernement fait payer chèrement le rang qu'ils ont convoité et dont ils n'ont jamais que la dénomination, le costume et l'équipage. En outre ils ont leurs entrées à la cour, les jours de grandes cérémonies, et le privilége de n'être point jugés par les tribunaux ordinaires, mais par les censeurs, comme les véritables mandarins d'office. Un riche marchand, nommé *Hong*, ne donna pas moins de cinq cent mille francs pour obtenir cette distinction, qui est toujours viagère.

Il y a encore un autre genre de noblesse qu'on ne saurait appeler viagère, puisqu'elle ne s'obtient qu'après la mort, ni héréditaire, puisque les fils n'y ont aucun droit, et qu'elle n'est pour eux qu'un sujet d'émulation plus vif en raison de sa proximité; c'est plutôt une noblesse posthume, et bien plus même, une espèce de divinisation qui est accordée uniquement par l'empereur à ceux qui ont rendu de grands services au pays.

Cependant il y a quelquefois des abus dans cette partie du pouvoir gouvernemental; la dynastie actuelle a encouru le blâme général pour avoir vendu non seulement le titre de mandarin, dont le peuple s'inquiète peu et qui n'est qu'une affaire de vanité, mais des commissions civiles et militaires. Cette manière de remplir ses coffres est heureusement fort rare et occasionne beaucoup de murmures.

A présent venons-en aux véritables mandarins, élus légalement et revêtus à la fois du rang et de la puissance. Je puis affirmer que, à quelques exceptions près, ce sont les hommes les plus éclairés et les plus vertueux de l'empire.

Ils composent différentes classes, dont chacune a neuf degrés. Ces divers grades se reconnaissent au bouton de pierres précieuses qui surmonte le bonnet, à la couleur de la longue et large simarre qui recouvre leurs vêtements de dessous, et surtout à

7

l'emblême brodé sur le dos et sur la poitrine. La couleur la plus noble est le pourpre foncé, et l'animal par excellence brodé sur les décorations est la grue pour les officiers civils, et le tigre pour les officiers militaires. Les mandarins supérieurs portent en outre un grand collier, une espèce de chapelet qui leur descend jusqu'à la ceinture. La première classe de mandarins, appelée *Co-lao*, n'est composée que de six membres : ce sont les ministres..

Le costume des mandarins est des plus splendides, quoique simple dans la forme. Il est large, d'une très grande ampleur, de couleur plus ou moins éclatante suivant le rang, et couvert de broderies où domine surtout l'or. Les plumes de paon qui s'y remarquent quelquefois répondent à nos crachats.

Le maintien des mandarins est toujours grave et imposant, mais poli et affable. Il y a quelque ressemblance entre leurs manières et celles des cardinaux de Rome. Les mandarins militaires ont une allure plus dégagée. Tout Chinois qui a besoin de la protection du mandarin frappe trois fois à la porte, et s'il est nuit il sonne une clochette Le pétitionnaire doit être écouté, quel qu'il soit; mais si la réclamation est injuste, si elle n'est pas fondée, il est puni.

Le gouvernement chinois, désirant tenir ses employés aussi éloignés que possible de la société des autres hommes, les loge dans des bâtiments appartenant à l'empereur. Ces résidences sont appelées en chinois *ya-mun*, qui répond à palais. Les principaux mandarins sont même quelquefois logés dans des pavillons dépendant des temples.

Cette espèce de séquestration, qui tend à conserver leurs mœurs pures et leur esprit impartial, n'atteint pas toujours son but; et nous voyons dans l'histoire de la Chine de fréquents exemples de mandarins dégradés pour leurs prévarications : sujet de grande méditation, et qui doit nous convaincre que les hommes sont à peu près comme les a trouvés notre vieux et pénétrant Montaigne.

En 1817, *Nagny-ching*, qui était alors ministre des finances, fut cassé pour avoir volé au trésor une somme de 200,000 francs. Un autre mandarin, gouverneur de Nan-kin, commit une grande injustice envers un marchand hong, pour lui extorquer de l'argent. L'empereur, en ayant été informé, lui fit couper la tête, qu'il envoya au négociant en le nommant à la place du justicié. Il y avait joint cet écrit : « *Regarde cette tête ; qu'elle te soit un monu-*
» *ment terrible de la vengeance de la justice. Je te*
» *nomme gouverneur de la province de Kiang-nan.*
» *Que le sort de ton prédécesseur soit pour toi une*
» *leçon de probité, de justice et de modération.* »

Si nous ne connaissions pas déjà assez la puissance de l'or, les crimes et les bassesses que chaque jour cet élément presque divin du règne minéral fait commettre parmi nous, ces exemples nous sembleraient presque incroyables. Pourtant, malgré tant d'expériences, nous nous étonnons encore de voir des philosophes, si l'on peut leur donner ce nom, céder à sa séduction comme le commun des hommes. C'est un grand sujet de méditation. Je laisserai mes lecteurs décider si la faute en doit être attribuée à la corruption humaine ou à l'imprévoyance de nos législateurs, qui ont tant augmenté la valeur de ce merveilleux métal.

Outre leur costume, les mandarins se reconnaissent encore à leur équipage. Les moindres d'entre eux ont quatre hommes pour les porter en palanquin, tandis que les simples particuliers ne sont autorisés à avoir que deux porteurs. Les vice-rois ont huit porteurs, et l'empereur seize.

Le palanquin d'un mandarin est toujours accompagné d'une suite, formée des gens de sa maison. Plusieurs des serviteurs marchent à côté de la chaise, portant des parasols de diverses couleurs et des lanternes sur lesquelles est écrit le nom du maître, ainsi que ses titres. Les lanternes ne sont éclairées qu'à la nuit. Les autres domestiques précèdent la chaise. Le cortége défile sur deux lignes, et forme une espèce de procession. Les deux premiers domestiques ont des *yongs* ou tambours, sur lesquels ils frappent à certains intervalles; les deux suivants, et aussi à des intervalles déterminés, jettent de grands cris cadencés qui annoncent au public l'approche d'un *tajin* (grand personnage). Le troisième couple est armé de fouets à manches de bambou; leur office est de disperser la foule des curieux, laquelle ne serait pas sans embarras et même sans danger, dans un pays où les rues sont si étroites! La marche est fermée par deux geôliers, ayant à la main des chaînes de fer que de temps en temps ils font résonner. Comme on le voit, le passage d'un mandarin est un véritable spectacle, et tel qu'on n'en voit point non seulement en Europe, mais dans aucun autre pays du monde.

Quand le peuple rencontre de ces cortéges, sa seule manière de témoigner du respect est de se retirer de côté, en laissant pendre les bras le long du corps et en baissant les yeux à terre.

Si l'on est appelé par le mandarin, on doit s'agenouiller en se présentant. Tant de vénération nous étonne; mais il faut qu'on sache que les mandarins remplacent en Chine les pontifes des autres pays. Ils ne sont pas seulement considérés comme les dépositaires de l'autorité suprême, mais comme des modèles de raison, de lumière et de sainteté, devant lesquels on ne saurait trop s'humilier.

Lorsqu'un mandarin a de la dignité et de la représentation, lorsqu'il marche bien, le peuple dit: « qu'il a le maintien du dragon et le pas du tigre. »

CHAPITRE VII.

DU PEUPLE CHINOIS ET DES ÉTRANGERS.

Lorsqu'ils seront mieux connus, les habitants de l'Asie orientale ne seront plus les *pauvres Chinois*, les *bons Chinois*; ces épithètes de compassion et de dédain seront oubliées, et on reconnaîtra que les Chinois forment une nation florissante depuis un temps immémorial, que c'est un grand peuple, qui, parfois inférieur aux autres, leur est souvent égal, et possède sur eux cet avantage qu'il a le mérite d'être toujours lui-même.

Toute la population du céleste empire appartient à deux classes, l'une dite honorable et l'autre vile, épithète qu'on n'oserait jamais donner chez nous à aucune espèce d'hommes. La classe honorable a cinq degrés, qui tous confèrent le droit de se présenter aux examens et d'aspirer aux places. Ce sont : 1° les savants; 2° les agriculteurs; 3° les manufacturiers; 4° les marchands; 5° le peuple ou les artisans.

La classe vile doit renoncer aux études et à l'avancement. Elle se forme des étrangers, des habitants des rivières, des esclaves, des criminels, des geôliers, des bourreaux. de tous les agents inférieurs de la police, des histrions, des jongleurs, des vagabonds et des mendiants.

Les enfants du peuple doivent suivre l'état de leurs pères, à moins qu'ils ne veuillent étudier les sciences, ce qui les met à même de devenir fonctionnaires publics; autrement, il faut pour changer d'état une permission du gouvernement, qui l'accorde assez facilement

Que les étrangers ne soient point admis aux études qui les rendraient habiles à être employés par le gouvernement, c'est une chose assez compréhensible; mais il paraît très extraordinaire qu'on les assimile à la classe vile. Les étrangers n'appartiennent nulle part à aucun ordre de la société. On les appelle *barbares* en Chine; mais dans cet empire il y a deux raisons qui justifient ce procédé: la première est que le peuple considère son souverain comme celui de la terre entière, et par conséquent les étrangers comme des sujets éloignés et moins favorisés; l'autre est le mépris que se sont attiré les premiers Européens, qui auraient eu assez contre eux d'être marins, sorte de gens pour lesquels les Chinois professent une grande aversion, lors même qu'ils sont leurs compatriotes.

Mais les étrangers eurent des torts plus graves : reçus d'abord sans aucune restriction, et libres de poursuivre leur commerce, au lieu de profiter en paix de la bonne volonté qu'on leur montrait, ils fatiguèrent le gouvernement de leurs querelles entre eux; car individuellement ils épousaient celles de leurs différentes nations. Tantôt c'étaient les Hollandais qui voulaient faire chasser les Portugais, ou les Portugais les Espagnols; tantôt les jésuites étaient aux prises avec d'autres religieux. Lassées de ces scandales, dont elles redoutaient l'effet sur l'esprit du peuple, les autorités chinoises prirent les mesures dont elles ne se sont plus relâchées.

« Hélas! disaient les mandarins, comment prê» ter croyance aux paroles des missionnaires, » lorsqu'on les voit impuissants contre les tumul» tueuses et sordides passions de leurs co-religion» naires! Ils voudraient répandre en Chine la » religion du Christ : qu'ils cherchent donc un » auxiliaire plus persuasif dans la bonne conduite » de leurs chrétiens. »

Ceux qui vont à Rome pensent de même : si les Romains présentaient aux peuples et aux gouvernements étrangers un modèle de vertu et de bonheur, le christianisme en serait plus honoré.

Qu'on ne blâme donc plus tant les empereurs d'avoir tenu la Chine à part du reste de l'univers, car ce sont les étrangers eux-mêmes qui ont provoqué cet isolement. Les empereurs n'auraient point empêché leurs sujets de communiquer avec les autres peuples, s'ils avaient reconnu dans les derniers des principes plus analogues aux leurs et moins contraires à leurs idées d'ordre, de subordination, de sagesse et de justice. La différence des religions n'a eu rien à démêler avec la prohibition. Nous nous sommes ailleurs étendu sur la tolérance chinoise à cet égard, et nous citerons à l'appui la réprimande de l'empereur Yong-tching à un mandarin qui avait mis un chrétien en jugement : « Vous n'avez pas pénétré mes intentions : suivant moi le Dieu des chrétiens est le Dieu des Chinois. Tout le monde adore la même divinité; mais chacun a ses formules particulières. » Yong-tching n'était cependant pas content du catholicisme, parce qu'il mêle les deux sexes dans les églises et qu'il fait perdre beaucoup de temps en prières.

Les habitants de la rivière (car ils n'ont pas d'autre nom) sont une population étrangère à la Chine, et dont personne ne connaît l'origine. Cependant, comme ils sont là, on les y laisse, car il serait barbare de les chasser; mais on ne les considère pas comme faisant partie de la nation, et ils sont assujettis à des règlements de police tout particuliers. Entre eux on les laisse fort libres de s'arranger comme ils l'entendent, à condition que les habitants de la terre ferme n'en souffriront aucun préjudice. Cette population couvre de ses radeaux et de ses barques toutes les rivières, les lacs et les canaux, dans le voisinage de Canton. Les femmes manient l'aviron aussi bien que les hommes; ce sont souvent elles qui restent chargées des soins de la pêche et de leurs demeures superaquatiques, tandis que leurs maris vont vendre le poisson ou s'occuper autrement sur la terre ferme. Ce sont elles qui conduisent les canots de louage. Ordinairement on laisse cet emploi aux jeunes filles, qui sont pour la plupart jolies et gracieuses.

Les enfants de cette race presque amphibie portent au cou une gourde qui doit les soutenir au-dessus de l'eau en cas qu'ils y tombent; les plus jeunes se retiennent sur le dos de leurs mères, en se saisissant des longues tresses de cheveux qu'elles rejettent en arrière.

Cette population, si industrieuse et toujours croissante, ne suit aucune religion et ne reconnaît aucune loi.

Il y a une espèce de tradition qui semblerait établir que ce sont d'anciens Tartares qu'on aurait empêchés de débarquer; mais le docteur Morrison croit que ce sont plutôt des pêcheurs venus du sud. Quoi qu'il en soit, la population de la rivière n'a pas moins de 40,000 barques ou San-pans qui logent environ 200,000 âmes. Ces san-pans restent toujours attachés au rivage par de grosses chaînes, que la nuit on garnit de grelots pour prévenir toute surprise. Cependant, comme rien que leur convenance ne les retient au même endroit, les barques changent quelquefois de place, en déployant leurs petites voiles ou se laissant aller au courant de l'eau. Cette caste, aussi méprisée que les parias de l'Inde, contracte rarement des alliances avec les pauvres gens du rivage, mais se marie entre elle avec peu ou point de cérémonies. L'homme qui désire obtenir une femme place sur sa rame une écuelle de paille, et la femme accepte en plaçant sur la sienne une corbeille de fleurs. Alors ils chantent ensemble quelques chansons barbares, et sont unis pour la vie sans recourir à d'autres formalités.

L'empereur Kien-long a beaucoup fait pour le soulagement de ces pauvres gens, et depuis lui on commence à les voir un peu moins mal.

Les esclaves, qui font aussi partie de la classe vile, ne sont devenus tels qu'en punition de quelques délits. C'est une peine imposée par les tribunaux, et qui n'est pas toujours à perpétuité. Quelquefois on se l'inflige soi même pour s'acquitter envers la couronne, pour délivrer ou soutenir son père, et pour le faire enterrer s'il est déjà mort. Excepté ces diverses circonstances, l'esclavage n'est pas souffert en Chine. Il assujettit au service domestique, et jamais aux travaux de la terre ni des manufactures. Les esclaves de l'empereur ont quelquefois été élevés aux plus hautes dignités.

Les criminels condamnés aux travaux forcés sont quelquefois cédés aux particuliers pour une certaine somme. Les propriétaires trouvent un avantage à les occuper, en ce qu'ils les paient moins que d'autres ouvriers, et les condamnés gagnent aussi à cet arrangement, car, s'ils étaient employés par le gouvernement, ils ne recevraient rien du tout.

Les mendiants demandent l'aumône en agitant une clochette, ou en soufflant dans une petite trompe : manière adroite de se faire écouter et d'arracher à l'impatience des gens ce qu'on pourrait ne point obtenir de leur charité. Les mendiants sont très rares en Chine, parce que l'indigent a droit de recourir à ses parents les plus éloignés, et que dans le nombre il s'en trouve toujours quelques-uns qui ont des moyens; mais, s'il en était autrement, les parents seraient obligés de travailler pour le soutenir et le garantir de la mendicité. C'est une conséquence des liaisons des familles. Ce devoir oblige surtout les proches; les fils sont naturellement les soutiens du père et de la mère; les frères, de leurs sœurs. Celui qui manquerait à cette obligation exciterait l'horreur et serait à jamais déshonoré.

Après ces observations particulières, prenons le peuple dans son ensemble, et nous serons encore forcés d'y voir une différence bien marquée. Depuis deux cents ans d'alliances et de communauté, les Chinois et les Tartares ont conservé des traits bien distinctifs, tant au moral qu'au physique. Les Tartares sont plus grands, plus forts et plus courageux. Leur caractère vif et remuant les rend moins propres à l'étude; c'est pourquoi presque tous s'adonnent aux armes. Protégés par le souverrain, qui est de leur race, ils ont le ton un peu arrogant, comme tous les conquérants. Cependant, au lieu d'assujettir la Chine à leurs usages, ce sont eux qui se sont pliés aux siens.

Malgré cette condescendance, bon nombre de Chinois regrettent leurs anciens souverains, et la révolte de 1812, dont le prétexte apparent était une imposition forcée, semble avoir eu un autre motif. S'ils eussent été secondés par quelque puissance européenne, nul doute que les Chinois n'eussent replacé sur le trône la dynastie des *Ming*; mais, abandonnés à leurs propres forces, ils étaient d'un naturel trop paisible pour tenter une entreprise aussi hasardeuse.

Les Chinois sont plutôt petits que grands; ils sont gras ou doivent l'être, car la corpulence est aussi estimée chez eux que la délicatesse chez les femmes. Ils ont la peau jaune et luisante. Le type de leur physionomie consiste dans l'élévation des pommettes des joues; dans l'aplatissement du nez, qui est court et retroussé; dans la coupe ovale des yeux, qui sont petits et noirs; dans la rondeur de la tête, la pâleur du teint, la largeur de la bouche, la blancheur des dents et l'expression lourde et ennuyée de tout le visage : tout cela, comme on voit, est bien différent du type de la physionomie grecque et romaine, et même de la physionomie française. Les moustaches et un brin de barbe au menton dénotent l'homme marié ; la barbe longue et touffue est le privilége de la vieillesse. Mais, quels que soit leur rang et leur âge, tous les hommes sont autorisés, mieux que cela, sont tenus à conserver leurs cheveux au sommet du crâne et à les réunir en tresse. La longueur et l'épaisseur de cette queue sont un grand objet de vanité. C'est peut-être la seule mode que les Chinois aient reçue des Tartares. Elle a son histoire. Avant la conquête, les Chinois laissaient croître leurs cheveux également sur toute la tête, mais le premier empereur tartare *Shun-che* rendit un édit par lequel il ordonnait au peuple conquis d'adopter la coiffure des vainqueurs, et de se faire raser le front. On résista d'abord ; quelques nobles aimèrent mieux perdre la tête que de se soumettre à ce qu'ils considéraient comme une dégradation. A présent, au contraire, rien n'est plus redouté que la perte de ce signe de leur servitude. C'est la plus grande ignominie qui flétrisse les criminels. Les hommes auxquels la nature a refusé cette parure indispensable y suppléent par une fausse chevelure. Tous les Chinois ont la barbe et les cheveux noirs.

Les femmes doivent être blanches et minces, avec des mains mignonnes et des doigts effilés; surtout il faut qu'elles aient le *petit pied*, que personne ne voit jamais, pas même le mari, mais sans quoi toute leur beauté ne compterait pour rien. Je ne veux point ici parler davantage des femmes, parce que je leur consacrerai un chapitre à part.

Les Chinois sont d'un tempérament faible et paresseux; leur activité est toute factice, c'est l'œuvre de la nécessité et d'un sage gouvernement. Ils travaillent sans cesse, mais lentement, nonchalamment et parce qu'il le faut, comme tous les gens lymphatiques. Cette mollesse naturelle provient sans doute de leur nourriture peu substantielle et de la chaleur de leur climat; mais qu'elle existe, c'est incontestable. Leur goût pour le repos se manifeste dans tous leurs amusements; ils laissent patiner les Tartares, ils les regardent danser leur espèce de polka, comme ils rient des tours de force de leurs sauteurs; mais ils s'asseyent devant un jeu d'échecs, de cartes ou de dominos. Ils prétendent qu'on « est mieux assis que debout, mieux étendu qu'assis ; mais que le sommeil est le plus parfait de tous les états. »

Les personnes bien élevées méprisent tous les jeux de hasard, et les regardent comme des vols dissimulés, mais la basse classe y est fort adonnée. Elle joue aux dés, avec le marchand qui lui fournit des vivres et des habits ; les enfants, avec le pâtissier ou le confiseur. Les Chinois ont aussi un grand penchant pour les gageures, ils parient à tous propos. Parmi leurs amusements favoris, ils ont le combat des grillons, qui a pour eux le même intérêt que celui des coqs en Angleterre. Deux de ces insectes étant placés dans un bassin, on les irrite avec un brin de paille, et, leur naturel irascible s'enflammant aussitôt, ils s'attaquent avec la plus grande violence, et le combat ne cesse que par la mort de l'un des deux. Cet événement fait perdre celui des joueurs qui avait parié pour lui. N'est-il pas déplorable de voir partout l'homme, cruel, égoïste et avide d'argent, compter pour rien la vie et les souffrances des animaux ? Cependant, nous devons avouer que les Chinois méritent moins souvent ce reproche que beaucoup d'autres ; qu'en général ils sont sensibles et compatissants, qu'ils le sont par nature et par éducation. Le gouvernement ordonne que le mandarin en chef de chaque commune, y tienne un registre public des bonnes actions qui viennent à sa connaissance. Ce *Livre du mérite* est un puissant stimulant à la vertu; il est exactement le contre-pied de nos gazettes des tribunaux. Chaque famille a aussi ses tablettes, où sont conservés les hauts faits des ancêtres. On les rappelle dans la conversation, et ils excitent à l'émulation. Les vieillards qui n'ont plus la force de travailler enseignent ce que la réflexion et l'expérience leur ont appris à la jeunesse, qui les écoute avec respect; car en Chine il se trouve quelquefois de mauvais pères, mais jamais de mauvais fils.

Les Chinois sont économes, souvent jusqu'à la parcimonie; ils sont méthodiques et sentencieux. Leurs sentiments et leur actions sont réglés par les maximes qu'ils placent en tous lieux, et dont ils ont un plus grand nombre qu'aucun peuple connu. Les deux qu'on rencontre le plus souvent peuvent être dites fondamentales, car elles établissent tout ce qui est nécessaire au gouvernement et à la famille. Elles disent, l'une que : « Le peuple ne sera » jamais heureux qu'il n'ait des ministres probes, » zélés et intelligents » ; et l'autre, que : « Les hom- » mes seront heureux lorsqu'ils regarderont la pié- » té filiale comme le premier de leurs devoirs. »

La politesse, l'affabilité, la générosité, constituent le caractère de tout Chinois bien élevé. L'hos-

pitalité et la bienfaisance pour les pauvres, la docilité et le respect pour les vieillards, sont les vertus les plus honorées dans l'opinion publique; mais, malheureusement, ces sentiments sont plus souvent affectés que réels, car les hommes sont toujours et partout les mêmes, et les Chinois sont avides d'une bonne renommée, comme on l'est dans la plus grande partie de l'Europe. Qu'ils le soient ou non, ils veulent être crus raisonnables, justes et de bon caractère avant tout. Ils sont dissimulés, comme tous les gens polis et complimenteurs. Quelqu'un qui a passé plusieurs années en Chine me disait : « Croyez-
» moi, le Chinois est plus rusé que le singe, plus
» patient que le castor, plus industrieux que la
» fourmi. Malgré sa bienveillance apparente, il est
» naturellement railleur, et se moque volontiers du
» prochain, surtout s'il vient d'Europe. Il parle
» avec grand bruit et volubilité, il crie comme le
» Napolitain, il manque de sobriété, il mange glou-
» tonnement, et s'enivre de ses liqueurs fermentées,
» de tabac et d'opium. La morale est enseignée au
» bas peuple; mais l'empereur et ses mandarins
» tiennent que, pour le bien public, l'homme politi-
» que peut mentir, tromper, manquer de parole. »

Hélas ! quoique nous ne voudrions pas l'avouer, je crains bien que, peuple plus civilisé, puisque nous le sommes dans le sens chrétien, il en soit ainsi de nous que du peuple chinois.

Quelles que soient leurs mœurs, les Chinois affectent tous la plus grande décence dans leurs manières et dans leurs vêtements, dont l'ampleur doit toujours cacher et déguiser les formes de la nature. Leur pudeur s'offusque à la vue des œuvres de l'art, si les draperies suivent et indiquent les contours du corps humain; les habits collants des Européens leur semblent manquer tout à fait de convenance. Le peuple surtout s'en est choqué, et s'en est vengé par le surnom de démons qu'il donne à tous les étrangers. C'est qu'en effet leur diable est habillé, sur la scène, d'un pantalon et d'un frac noirs, tout semblables aux nôtres. Cette extrême pudeur des Chinois leur a toujours gagné la sympathie des missionnaires.

Les Chinois sont malpropres, ou, pour mieux m'exprimer, ils n'ont qu'une propreté extérieure. Leur tête est chaque matin confiée au barbier, qui en fait la toilette, mais le reste de leur personne va comme il peut; nous en excepterons les mains qui, grâces à ce qu'elles ne sont jamais cachées par des gants, reçoivent aussi des soins. Les vêtements de dessus sont bien entretenus, et souvent changés, mais ceux qui touchent la peau sont plus négligés. Si vous leur en faisiez l'observation, ils vous répondraient : « A quoi bon tant de recherche, puisque personne n'en voit rien? » Ce sentiment se retrouve partout; c'est le mobile de toute leur conduite. Les

Chinois cherchent toujours à flatter l'œil d'autrui. Lorsque les Vénitiens et les Espagnols portaient le manteau, ils étaient moins propres que les autres peuples, puisque le manteau les dispensait d'une toilette soignée.

Les Chinois ne connaissent point les délices du bain, ni le bien-être du linge blanc, et c'est à cet état de saleté qu'on doit attribuer quelques maladies qui désolent leur pays : la lèpre, entre autres, et le goître, qui est aussi commun en Tartarie que dans certaines parties des Alpes. Un médecin européen a remarqué qu'un sixième de la population qui habite les vallées du nord est attaqué de cette dernière maladie, et que les femmes y sont plus sujettes que les hommes. Comme en Europe, on croit que cette infirmité se gagne en buvant de l'eau de neige, et, comme en Europe aussi, elle entraîne l'affaiblissement de l'esprit, quelquefois l'imbécillité absolue. Ces *crétins* sont, par les Chinois, considérés comme des êtres privilégiés qu'on entoure de soins. Les Turcs les regardent aussi comme favorisés de la Divinité, en ce qu'ils sont dans l'impossibilité de mal faire.

Que dire du bonheur réel des idiots et du respect qu'ils inspirent aux peuples de l'Orient? Selon ces derniers, l'intelligence de l'homme lui serait-elle un don si funeste?

Malgré la lèpre, le goître, la petite vérole, qui y

sont si communs, la Chine regorge de population. C'est que le respect dont est entouré chaque père de famille fait désirer à tout le monde un grand nombre d'héritiers; c'est que la tradition exalte la félicité des anciens patriarches, qui réunissaient à leurs tables jusqu'à 700 membres de leur famille; c'est qu'il y a des lois sévères contre l'émigration; c'est enfin que le célibat et la stérilité sont comptés comme des irrévérences envers ses parents. Il y a bien quelques infanticides, que la police ne parvient pas toujours à prévenir; mais, d'un autre côté, l'esclavage ne diminue pas en Chine la population comme dans les autres pays, car chaque maître est obligé de marier les femmes esclaves de sa maison.

Les Chinois sont heureux, et c'est là le premier talent. Ils ne redoutent rien tant que la mort, et jamais il ne leur arrive de se suicider. Ils sont gouvernés despotiquement, mais doucement. Ils plaignent fort les étrangers, dont les exécutions militaires leur inspirent autant d'horreur que de mépris. Le supplice des baguettes, infligé à un soldat de la marine anglaise, les a surtout scandalisés. Un mandarin déclara, au nom du peuple chinois, qu'il ne pouvait concevoir comment une religion qui se piquait de justice, d'humanité, de charité, et qui proclamait sa suprématie sur toutes les autres, pouvait permettre une semblable cruauté.

CHAPITRE VIII.

DES FEMMES CHINOISES.

La vie recluse et tout orientale des femmes chinoises fournit peu d'aliment à la curiosité. On ne les voit jamais, on les entend rarement, et encore ce n'est que par une distinction spéciale qu'accorde le père ou le mari, les seuls hommes qui puissent jouir de leur société. Un médecin anglais qui avait sauvé la vie de la jeune fille d'un mandarin et lui avait ensuite donné des leçons m'a raconté qu'après le mariage de la demoiselle il fut invité par le père et le mari à dîner avec elle. On le plaça entre les deux messieurs; et la jeune femme se tint dans un cabinet à côté, d'où, invisible, elle soutenait la conversation, et pouvait tout voir à travers une jalousie. Les femmes chinoises vivent ignorées, dans une dépendance, dans une nullité dont l'idée seule épouvanterait les dames de nos contrées et leur ferait trouver la mort préférable. Néanmoins, comme il ne faut point passer sous silence la moitié du genre humain destinée par la Providence à conserver notre espèce et à exercer tant d'influence sur les peines et les plaisirs de notre vie, le peu que nous savons sur les femmes chinoises nous le ferons connaître.

Nous commencerons par faire observer que c'est principalement des femmes riches et de rang distingué que nous parlons, car celles du peuple ont en tous pays à peu près la même existence : leur pauvreté, à mesure qu'elle les assujettit au travail, les affranchit de l'homme, auquel elles sont utiles et qu'elles aident à nourrir ses enfants. Ces femmes de la basse classe n'ont point en Chine la beauté qui distingue parfois celles d'Europe. La raison en est qu'il se trouve rarement une jeune fille d'un joli minois ou d'une taille gracieuse et élégante qui ne soit, à quatorze ans, vendue ou offerte en cadeau à quelque grand personnage.

A l'avénement d'un nouvel empereur, les principaux personnages de l'état lui conduisent leurs filles, afin qu'il choisisse ses femmes parmi elles. Celles qui sont acceptées confèrent un grand honneur à leurs familles, qui en acquièrent beaucoup de crédit. On présente pareillement des femmes à tous les princes de la maison impériale.

Les concubines ne sont pas plus considérées en Chine que ne l'étaient les servantes du temps d'Abraham. Ce sont toujours elles qui nourrissent les enfants légitimes.

L'épouse est la maîtresse de la maison et des autres femmes. Chaque homme n'en peut avoir qu'une; elle seule lui donne des héritiers devant la loi. C'est ordinairement la plus belle ou la plus aimable du harem; car ce titre d'épouse ne lui est acquis ni par sa naissance, puisque, comme nous venons de dire, la noblesse ne se transmet point en Chine; ni par sa fortune, car les femmes n'apportent jamais de dot, et sont, d'après les lois, inhabiles à hériter. L'élévation dépend uniquement de la manière dont le mari observe les formalités voulues en l'admettant chez lui. S'il manque à une seule des six, elle n'occupe qu'un rang secondaire, réglé par le degré d'affection qu'elle pourra inspirer.

La femme ne peut jamais demander le divorce, mais le mari le réclame et l'obtient sous divers motifs, dont quelques uns semblent bien légers. Ce sont la stérilité ou le manque d'enfants mâles après trois filles, le mauvais caractère, le défaut d'obéissance aux parents du mari, le bavardage ou le langage libre, les infirmités chroniques, l'adultère, le vol.

Ce dernier cas de divorce nous étonne d'abord; mais comprenons bien que la femme chinoise est tellement dégradée qu'elle n'est point responsable de ses actions; que le mari seul en rend compte à la justice, comme faisait le père avant le mariage.

Quant à l'adultère, il est, outre le divorce, puni de châtiments corporels, mais il n'entraîne jamais la peine capitale.

Si la femme répudiée n'a ni parents ni amis pour la recevoir, on la relègue dans un appartement éloigné des regards du mari, qui n'a d'autre obligation envers elle que de la vêtir et de la nourrir comme une esclave.

Dès l'âge de sept ans, les filles des riches et des mandarins ne peuvent plus manger avec leurs frères, ni coucher dans la même chambre. A douze, elles cessent de sortir et ne voient plus le monde que derrière des jalousies et des rideaux, ou dans les miroirs que les femmes placent, comme en Hollande, au dehors des fenêtres. Là, pourvu qu'elles ne paraissent point, elles peuvent examiner, épier tous ceux qui passent dans la rue ou entrent dans la maison.

On donne à ces jeunes filles des maîtresses qui leur enseignent, avant tout, à parler et à se conduire avec soumission et dépendance. Sous leur direction, elles apprennent à filer, à tisser la soie et la laine, à les broder, à pincer une espèce de luth, à dessiner les fleurs, à faire les sacrifices et les offrandes aux divinités, à disposer les vases sacrés dans l'ordre convenable, et à brûler les parfums. Elles sont élevées dans une ignorance profonde sur tout le reste. Elles ne savent ni lire, ni écrire, ni causer; leur éducation et leur retraite absolue les privent également des connaissances qui les rendraient un jour les compagnes de leurs époux, et non point leurs servantes et leurs esclaves.

A quinze ans, leur éducation est finie, et on les admet à tous les priviléges de la femme faite; mais ce n'est qu'à vingt ans qu'elles peuvent se marier.

Le jour des noces passé, la jeune femme est toute à sa nouvelle famille. Elle voit rarement la sienne, excepté son père; car les femmes sortent peu, quoiqu'en chaises, et bien cachées au public. Cependant on ne peut pas dire qu'elles ne se visitent entre elles absolument jamais, mais seulement elles n'en font point habitude. Au reste, tout cela se règle par le rang qu'occupe le mari et le degré de distinction auquel prétend la femme. Il est si bien établi chez elles que la réclusion et la dépendance sont les marques particulières de la richesse et de la grandeur, qu'elles empiètent sur les restrictions que leur imposeraient les hommes, et que leur vanité trouve son compte à étaler un plus dur esclavage, comme celle des Européennes à déployer une magnifique parure.

Les femmes que, dans nos idées chrétiennes et libérales, nous trouverions les plus malheureuses de toutes, sont celles de l'empereur, cependant elles ne manquent point d'envieuses et d'imitatrices. Lorsque l'impératrice sort, elle est précédée de gardes qui font éloigner tout le monde et fermer les portes et les fenêtres des maisons devant lesquelles elle doit passer. Le même cérémonial s'observe pour toutes les dames de la cour, quoique les draperies de leurs chaises les défendent suffisamment du regard des curieux. En Chine, c'est l'usage établi que les gardes fassent préalablement éloigner le peuple des chemins par où doit passer l'empereur et sa cour.

L'impératrice et les autres femmes sont donc toujours isolées comme dans un désert.

Pour les dédommager un peu, il y a tous les ans, à Thé-hol, une foire en miniature où des marchands simulés tiennent des boutiques que les véritables commerçants de Pé-kin garnissent volontiers de leurs marchandises, dans l'espoir qu'elles y seront vendues.

Les femmes qui en Chine passent pour les plus belles, celles qui font l'ornement de la Cour, les délices de l'empereur et des mandarins, viennent des provinces méridionales de Tche-kiang et Fo-cheng. Ce sont les Géorgiennes de l'Asie, les Romaines de Transtevère, les Andalouses de l'Espagne. Mais la beauté est relative; ces femmes, si remplies d'attraits pour les Chinois, causeraient peu d'enthousiasme en Europe; quelques unes y sembleraient laides. J'ai visité la collection de M. Langdon, à Londres; je suis entré dans son harem chinois, et certainement je n'aurais point été de ceux que les beautés de Tche-kiang et de Fo-cheng séduisent.

Les Chinoises ont la peau blanche, les yeux petits mais ovales, les bras longs et maigres. Leurs pieds, déformés par la mode, leur donnent une démarche lourde, pénible, et pour ainsi dire boiteuse. On obtient ce beau résultat en tenant les doigts des pieds de l'enfant, lorsqu'elle est encore très jeune, repliés en dessous au moyen de bandelettes de soie excessivement serrées. Le pied ne recevant point la nutrition nécessaire, et le sang n'y circulant qu'à peine, n'atteint jamais sa croissance naturelle; il reste petit, mais non élégant; et sans le pouce, qu'en sa qualité d'orteil apparemment on a laissé seul allonger, il aurait assez l'apparence d'une huître ou d'un pied de cheval. Toutes les filles riches sont assujetties à ce supplice, et au moins une de chaque famille pauvre qui aspire à une haute alliance. Les dames tartares n'ont jamais voulu se conformer à cet usage absurde, elles laissent prendre à leurs pieds les proportions de la nature.

Les mains des Chinoises, si petites et toujours cachées dans leurs larges manches, sont presque aussi remarquables que leurs pieds par la longueur des ongles, qu'on laisse croître et dont on favorise le développement au moyen de griffes d'argent qu'on attache en dessous et qui leur servent de soutiens. Quand les Anglais auront propagé chez nous cette mode, comme tant d'autres qu'ils ont importées de l'Inde et d'ailleurs, il est à croire que nos dames pourront au besoin imposer alors plus de réserve à la témérité de quelque libertin.

Quoique les femmes mettent en Chine l'embonpoint au rang des beautés de l'homme, elles le regardent comme un grand défaut dans leur sexe, et elles s'efforcent de conserver la délicatesse de leur taille. J'ignore par quels procédés elles y parviennent, car elles ne font point usage de corsets, et leurs amples vêtements sont presque toujours flottants. Les Chinoises se blanchissent la peau, qu'elles ont déjà fort belle, avec un mélange de lait et de céruse; elles se peignent de rouge les joues, les lèvres et les gencives, et ne conservent à leurs sourcils qu'une ligne arquée et très mince. Quelquefois le sourcil disparaît entièrement pour faire place à une légère feuille de saule, où elles déploient toute leur adresse comme dessinatrices. Elles ont le front découvert, les cheveux relevés en arrière, et noués derrière la tête en plusieurs nattes, qui retombent sur leurs épaules. Elles ne négligent jamais de les orner de fleurs naturelles ou artificielles. Ce dernier soin est commun aux femmes de la campagne comme à celles des villes, aux vieilles et aux pauvres, comme aux jeunes et aux riches. Excepté celles de la cour ou d'un haut rang, qui portent des bonnets de velours noir garnis de pierreries, les femmes n'ont d'autre coiffure que leurs cheveux, sur lesquels elles jettent un voile lorsqu'elles vont dehors. Les jeunes filles à marier n'ont point les cheveux relevés sur le front, mais pendants de chaque côté des tempes.

Les femmes chinoises ne portent jamais de linge; elles mettent sur la peau un réseau, qui est en soie comme tout le reste de leur costume. Elles ont par dessus une veste et un ample pantalon serré à la cheville, ayant le reste et les pieds nus. Cette veste et ce pantalon sont en partie cachés par une longue robe de satin à larges manches, laquelle se rassemble avec grâce autour du corps au moyen d'une ceinture. Ces vêtements sont, en hiver, doublés de fourrures, dont quelques unes ont un grand prix, surtout l'astracan, qu'on se procure en tirant le jeune agneau des entrailles de sa mère long-temps avant la naissance. Et c'est encore une barbarie qu'il nous faut reprocher aux Tartares et à ce peuple chinois, en qui nous avons d'ailleurs reconnu tant de bonnes qualités et d'humanité.

Les différentes parties du costume ne sont point de la même couleur, et c'est là que se déploie le goût de celle qui les porte. En général, le rose et le vert, que les hommes se sont interdits, semblent y dominer. Mais il ne faut chercher, dans l'ajustement des femmes, même les plus élégantes, ni dentelles, ni batistes, ni ces délicats et dispendieux articles de lingerie qui font la folie des Européennes. Toutes les broderies s'exécutent en soie, en or, en argent, et les mouchoirs sont des foulards.

Quoique moins brillantes que leurs maris, les femmes des mandarins se distinguent des autres par leur toilette; elles sont couvertes de bijoux, et se font des écharpes de ces magnifiques châles orientaux que les hommes portent en ceintures. Ce sont les dames tartares qui ont introduit cette mode, que conservent la Perse et les Indes, mais que commencent, dit-on, à bannir les Ottomans.

Les femmes à petit pied ne mettent point de bas, elles les laissent aux hommes, et aux femmes pauvres ou tartares ; elles les remplacent par des bandelettes de soie, qu'elles enlacent au tour du pied et de la jambe. Leurs souliers, toujours en étoffe, ont une semelle blanche épaisse et légère, formée de feuilles de papiers collées ensemble, et recouverte en dessous d'un parchemin, qui lui donne quelque solidité. Cette semelle dépasse beaucoup la grandeur des souliers, de manière qu'elle donne la base qui manque au pied. Cette chaussure peut durer long-temps, les dames chinoises ne marchant guère que dans l'appartement. Les femmes du peuple ont des espèces de sabots et des sandales en tresse de cuir. Leur costume ressemble à celui des femmes riches quant à la coupe, qui est toujours simple et presque sans coutures ; car les Chinois, étant ennemis des pièces rapportées, fabriquent tous leurs tissus, de façon à ce qu'une seule largeur suffise à la confection de leurs tuniques. Toute la différence consiste dans la matière : la soie des riches est remplacée par le coton de couleur unie, ou bien à carreaux et à raies, dans les classes moins aisées.

Les hommes et les femmes de la classe laborieuse sont habillés presque de même. Quant aux femmes riches, elles pourraient à quelque distance être prises pour les militaires, qui sont plus brillants que le peuple ; mais elles n'approchent jamais de la magnificence des mandarins, dont le costume rappelle la pompe de nos pontifes.

Les femmes de tous rangs fument comme les hommes, et elles en prennent, dit-on, l'habitude dès l'enfance. Elles ont toujours à la ceinture une poche à tabac, à côté de celle destinée au mouchoir et de la cassolette où se renferme la noix d'arack. Lorsqu'elles n'ont pas l'éventail à la main, elles le tiennent dans un étui, qui trouve aussi place à la ceinture. Elles en connaissent, dit-on, la coquetterie, et elles en ont perfectionné le langage de manière à laisser les Espagnoles assez en arrière. Chaque femme en possède une profusion et de toutes les formes et de toutes les couleurs. Les hommes ne se séparent jamais non plus de leur éventail, et ils en poussent la recherche presque aussi loin que les femmes. Les Chinoises ne se découvrent jamais le cou, ni les bras ; leurs tuniques et leurs vestes sont tout à fait montantes, et leurs manches, toujours longues et larges, cachent non seulement le bras, mais encore les mains.

Les femmes ne vont jamais au théâtre ; mais si c'est dans leur maison qu'il y a spectacle, elles y assistent derrière un grillage, comme elles le font quelquefois pour les festins, car la décence chinoise ne consiste point à priver les femmes de la vue des hommes, mais à les empêcher d'en être vues.

Malgré toute cette réserve, les villes de Pé-kin, Nan-kin, Can-ton, etc., sont remplies de coquettes, mais de bas étage. Les Chinois ne considèrent point la chasteté des femmes comme une vertu, ils ne l'estiment qu'autant qu'elle contribue à leur satisfaction particulière ou à leur intérêt. Ils y tiennent dans leurs femmes par un sentiment de jalousie, dans leurs filles par l'espoir qu'elles trouveront plus aisément des époux riches. Les pères qui n'ont point ces prétentions sont très peu soigneux de la conduite de leurs enfants, et les encouragent presque au désordre. C'est ainsi que sur le lac Taï-hoo, et sur la rivière qui baigne l'élégante et populeuse ville de Chan-choo-foo, les canots appelés *whews* sont tous conduits par de jeunes filles bien mises, et faisant un double métier; les parents le savent, et n'y apportent point d'obstacles: le fait est qu'ils n'y attachent point de déshonneur. Ces whews ont assez de rapport avec les gondoles vénitiennes; on trouve dans chacun une espèce de cabine où l'on peut se reposer et se rafraîchir, se faire servir le thé et des fruits.

Quoiqu'en Chine les femmes soient bien dégradées, qu'il y ait même des marchands de femmes, que le mari ou le père ait tout droit sur elles, et que jamais elles ne se défendent sans s'exposer aux plus terribles châtiments; quoiqu'enfin les pères, lorsqu'ils ont trop d'enfants du sexe féminin, puissent, après leur naissance, les envoyer noyer comme nous faisons des chiens et des chats, cependant elles sont encore plus méprisées en Cochin-Chine. Là, on ne se contente plus de les tenir dans l'esclavage et de les vendre; on se les cède, on les loue comme ici se louent les chevaux.

Les femmes du peuple, surtout celles des paysans, sont estimées en proportion de leur force et de leur santé. Elles partagent tous les travaux des hommes, qui souvent les chargent de la partie la plus pénible : par exemple, l'homme est dans la charrue et sème, tandis que la femme traîne, attelée à côté du buffle, ce qui ferait horreur en Europe. Ces paysannes sont d'un grand secours dans leurs familles, car non seulement elles élèvent leurs enfants et soignent le ménage, mais elles s'emploient à la plupart des travaux des champs. Leur utilité n'empêche pas les maris de s'arroger un empire extraordinaire, qui, heureusement, est tempéré par la présence des grands parents et les maximes de modération inculquées dans le jeune âge. Les femmes de la province de Kiang-Si sont renommées comme les plus vigoureuses et les plus robustes; elles sont en conséquence les plus recherchées par les agriculteurs et les fermiers.

La femme, de quelque rang qu'elle soit, se trouve mieux considérée de garder le veuvage. Il semble qu'à la fin d'un pareil esclavage, on ne devrait point être pressé d'en recommencer un autre, et qu'en tous cas ce serait plutôt là un acte de vertu et de patience. Il est vrai que la veuve n'est guère plus libre que la femme mariée; elle est alors sous la dépendance de l'aîné de ses fils, ou rentre sous celle de son père.

Nous ne pouvons clore cette notice sur les femmes chinoises sans dénoncer le sage Confucius comme ayant autorisé le concubinage par cette allégorie, qui n'est pas très ingénieuse, qu'on lit parmi ses maximes : « *Quand l'habit qu'on porte est vieux, usé, hors d'usage, on peut en prendre un autre.* » Lui-même il n'eut jamais qu'une femme; il la répudia, mais ne se remaria point.

C'est une chose remarquable et digne de réflexion que les hommes les plus sages de différentes régions et de différentes époques aient été malheureux dans leur ménage. Mong-tsee, le plus illustre philosophe de la Chine après Confucius, répudia, comme lui, sa femme, disant : « *Je la renvoie pour garantir ma vertu.* » Le sage Socrate, au contraire, gardait Xantippe « *pour voir jusqu'où la patience de l'homme peut aller.* » Devons-nous en induire que les femmes sont si difficiles à gouverner et à satisfaire que la tâche est au dessus des forces de la sagesse même, ou devons-nous prendre leur avis? Elles diront peut-être que c'est tout au rebours; que les hommes sont par leur nature de si mauvais maris, que les plus parfaits d'entre eux n'ont pu parvenir à rendre leurs femmes heureuses. Qui décidera la question? Ce ne sera pas moi.

Malgré les mœurs et les difficultés de la langue, qui éloignent les Chinoises de l'étude et des sciences, néanmoins la tradition a conservé le nom de *Tse-Tien-hoang-hean* comme celui d'une femme savante et vertueuse. Ses ouvrages ont été traduits en français par Amiot.

Au commencement du 19e siècle une autre femme s'est illustrée dans un autre genre. La veuve du fameux corsaire Ching-yih eut le courage et la force d'imposer ses lois à des milliers de bandits. Elle les soumit à un code où triomphent l'esprit, la sagesse et la justice. Il défendait de descendre à terre sans la permission du gouvernement. Toute prise était enregistrée et partagée également, excepté l'argent, qui était remis entre les mains du chef, lequel en conservait les quatre cinquièmes pour fournir aux besoins de la flotte; le reste était ensuite distribué comme les autres captures. Les provisions, les munitions étaient immédiatement payées en argent au propriétaire.

Lorsqu'on faisait une prise, les femmes pouvaient être rachetées et devaient être respectées pendant leur captivité. Les plus belles seulement, et celles qui n'offraient point de rançon, étaient vendues aux bandits célibataires, qui devaient s'en faire des épouses légitimes. Quand ils avaient fait cette acquisition, ils recevaient une cabine pour eux et leur famille. Celui qui avait insulté une prisonnière était puni de mort; c'était du reste la peine de toute infraction aux règlements.

Les généraux de cette veuve ayant formé deux partis, elle se vit dans une situation périlleuse. Elle traita alors avec l'empereur de la Chine comme de puissance à puissance. De l'île de Formose, qu'elle habitait, elle se rendit à Canton avec quelques femmes de sa cour, et stipula avec le vice-roi pour elle et ses généraux. L'empereur éleva les généraux à de hauts grades dans la marine chinoise, et la veuve, avec ses femmes et ses trésors, se retira à Macao, où elle vivait encore lors de la dernière expédition des Anglais.

La conduite des Chinois avec leurs femmes excitera sans doute la désapprobation d'une grande partie de mes lecteurs; on ne va pas manquer de les appeler barbares. Quand on songe que le christianisme avait complétement grandi la femme et lui avait donné la liberté dont elle jouit en Occident, que nous l'appelons la plus belle moitié du genre humain, que la civilisation lui doit presque tous les progrès de l'urbanité et de la politesse de nos usages, il n'est pas possible d'approuver l'abrutissement dans lequel les Chinois ont plongé les leurs.

Cependant j'ai trouvé des approbateurs d'un tel régime. Un d'entre eux me dit un jour que « c'était à cette servitude, à cet esclavage des femmes, que la Chine devait la stabilité sociale dont elle jouissait depuis cinq mille ans. Les femmes (ajoutait-il) sont toujours la principale cause de la ruine et de la chute des empires. L'empire romain leur a dû sa ruine et le Bas-Empire sa formation. Les grands états de l'Europe, eux aussi, devront aux femmes leur décadence et leur chute. »

Je suis tout à fait hors d'état de décider une aussi grande question, et je laisse à mes lecteurs les plus philosophes et les plus sages le soin de la résoudre.

CHAPITRE IX.

NAISSANCES, MARIAGES, OBSÈQUES.

La course de l'homme au milieu du monde est marquée par trois grandes et intéressantes époques : son apparition première, son union pour la vie avec un être d'un sexe différent, et son trépas.

Quoique les Chinois considèrent le manque de postérité mâle comme une grande calamité, comme une irrévérence envers les ancêtres, et enfin comme un cas de divorce, on ne voit pas cependant qu'ils accueillent la naissance d'un fils par aucune manifestation de joie, ni qu'elle donne lieu à des cérémonies. Quant aux filles, elles sont toujours mal reçues des parents, surtout des mères, qui craignent de perdre l'affection et l'estime de leurs époux, et souvent d'être dégradées. C'est pour parer à tous ces maux qu'elles emploient quelquefois la supercherie : les sages-femmes, gagnées par elles, substituent aux filles nouvellement nées des garçons, qu'elles se procurent chez les pauvres et chez les filles publiques.

On prétend encore, mais on doit y ajouter peu de foi, que le père use quelquefois du droit de vie et de mort que la loi lui donne sur ses enfants pour noyer ses filles au moment de leur naissance, lorsqu'il en a déjà plusieurs ; nous avons déjà parlé de cet usage dans le précédent chapitre.

Les mariages sont accompagnés de grandes cérémonies et formalités. Les futurs époux échangent des cadeaux, qui sont tous réglés par l'usage. Ceux du mari consistent en grands pâtés qui ont la forme de dragons et d'oiseaux, en fruits candis et en bourses remplies d'argent. La femme envoie à son prétendu de riches habits, des tapisseries et des broderies.

La fiancée doit pleurer pendant dix soirées avant son mariage, et souvent ses sœurs, dont elle va se séparer, en font autant.

Le jour de la célébration arrivé, on porte l'épouse, dans un palanquin décoré de rideaux rouges et suivi d'un cortége plus ou moins nombreux, vers la maison du mari, qui l'attend toujours au milieu d'une grande réunion de parents et d'amis, rassemblés pour le complimenter et partager le repas des noces.

Le mari vient recevoir le palanquin à la porte, et c'est là le moment décisif ; car, soulevant le rideau, il voit alors sa fiancée pour la première fois. Si elle lui plaît, il fait ouvrir la porte principale de la maison et entrer le palanquin, d'où il lui aide à descendre, et l'introduit aussitôt dans ses appartements. Si cette première vue ne le satisfait point, il n'a qu'à laisser retomber le rideau et faire signe aux porteurs de retourner sur leurs pas. Là encore la femme est victime, car elle ne doit point avoir de choix; il faut qu'elle accepte, quand même celui qui se présente serait un monstre.

En Chine, c'est à midi qu'on porte la nouvelle mariée à sa demeure future; en Tartarie, cette cérémonie a lieu au lever du soleil. Dans l'un et l'autre pays, la chaise de l'épouse est suivie de plusieurs autres, dans lesquelles sont les dames qui appartiennent aux deux familles. Les domestiques ferment le cortége, et portent pompeusement les cadeaux qui ont été faits à la jeune femme, et qui sont sa seule dot. Il se trouve toujours parmi les présents un certain nombre d'oies vivantes, car on considère ces volatiles comme des modèles de concorde et de fidélité. Les beaux canards mandarins sont encore plus estimés.

Ces sortes de cortéges sont loués pour la circonstance : il y en a pour toutes les fortunes et à tous prix. Un marchand hong, pour le mariage de sa fille, a dépensé dernièrement, en y comprenant les présents, plus de 50,000 dollars (260,000 fr.).

Dans la salle d'honneur, le mari ôte le voile de sa femme, sur laquelle il n'a encore jeté qu'un coup d'œil rapide, et lui présente la coupe d'alliance, après y avoir bu lui-même. C'est là la formalité la plus liante : on ne peut revenir dessus.

Le repas des noces se fait en deux endroits séparés ; les hommes dînent ordinairement dans les cours, sous des tentes, et les femmes dans l'intérieur de la maison. Les mariés mangent seuls à la même table, dans un appartement à part, où vient les visiter la compagnie avant de se retirer.

Les parents de la jeune femme la laissent seule avec son mari et sa nouvelle famille pendant l'espace d'une lune; au bout de ce temps, ils la vont voir; mais les hommes, excepté le père, ne lui parlent qu'à travers la jalousie de rigueur.

Bien que la Chine soit le pays où l'on honore le moins le célibat et où l'on encourage le plus le mariage, cependant on ne laisse pas d'y apporter bien des entraves. Sans parler des cas de divorce déjà énumérés, une femme ne doit point s'attendre à trouver de mari si elle appartient à une famille de mauvaises mœurs, rebelle, dont quelque membre ait subi la peine capitale, ou dans laquelle règne quelque maladie héréditaire. Elle doit encore renoncer au mariage si elle se trouve l'aînée, n'ayant point de frères. Suivant les moralistes chinois, un homme ne saurait être trop soigneux de ne choisir sa femme dans aucune de ces circonstances. Pour s'assurer de cela et ne point contrarier le destin, car les Chinois croient que leurs mariages sont réglés dans le ciel avant leur venue au monde, on recourt à l'astrologie, on tire des horoscopes. Quelquefois la cérémonie est différée des mois entiers parce que les étoiles ne sont pas propices. Généralement, les astres le permettant, on préfère le printemps, lorsque les pêchers sont en fleur.

Ces superstitions s'accordent avec celles des Grecs; Euripide, dans son *Iphigénie*, fait demander à Agamemnon par Clytemnestre quand se célébreront les noces de leur fille; il lui répond : « Quand arrivera l'orbe d'une lune fortunée. »

Les époux, dans leurs salutations journalières, répètent le souhait de *bonheur*, de *longue vie*, et d'*enfants mâles*. Les fils sont ainsi appréciés en Chine par le pouvoir qu'on conserve sur eux pendant toute la vie, le profit et l'honneur qu'on en retire s'ils réussissent dans leurs études, et parce que ce sont eux qui perpétuent la race et accomplissent les sacrifices aux tombeaux des ancêtres.

Outre la femme légitime, le mari, comme nous l'avons déjà vu, peut prendre une ou plusieurs concubines; mais, s'il a des fils, il est plus vertueux à lui de s'en abstenir. En donnant sa fille en concubinage, un homme la dégrade aussi bien que lui-même et le reste de sa famille. C'est seulement à l'empereur et à ses fils que le scrupule s'apaise.

Les particuliers achètent les filles des familles pauvres pour s'en faire des concubines.

Le docteur Morrison rapporte qu'en Chine quelques mariages se font par le moyen des feuilles publiques, dans lesquelles sont indiqués la parenté, les qualités, l'âge de la demoiselle. On y loue la couleur de ses cheveux, la blancheur de sa peau, la petitesse de ses pieds, etc.; mais cela ne se fait ordinairement que parmi les gens très opulents, qui, ne voulant point se séparer de leur fille, préfèrent amener un gendre dans leur famille.

Lorsqu'une jeune personne meurt avant l'âge de 19 ans, on en tire une effigie, qu'on envoie à celui qui avait été désigné pour son époux. Il reçoit cette effigie avec toutes les cérémonies du mariage, après quoi on la brûle. Ce prétendu mari élève une tablette à la mémoire de la jeune fille, en souvenir de la liaison qui unissait les deux familles, et cette alliance paraît être le but où visent les parents en semblables circonstances.

Il est à remarquer qu'en Chine les cérémonies du mariage sont célébrées avec moins de pompe et de frais que celles des funérailles. L'impulsion qui réunit les deux sexes a dispensé le législateur de tout ce qui pourrait exalter l'imagination; mais au contraire il est très soigneux de recommander la constance, ne pouvant enjoindre la fidélité dans un pays où l'on permet le concubinage.

L'égoïsme de l'homme, son orgueil et son ambition prétendent que le monde s'occupe de lui, même après sa mort. Pour cela, on a institué les cérémonies de l'enterrement, qui sont en Chine des plus magnifiques et des plus dispendieuses. Mais le sentiment des Chinois pour les morts tient encore à la religion de Boudha, qui admet que l'homme puisse retourner sur la terre avant de passer définitivement au ciel : c'est à peu près le purgatoire des catholiques.

Au décès d'un parent âgé, on annonce l'événement à tous les membres de la famille et aux amis les plus intimes, pour qu'ils assistent aux funérailles. Les personnes riches placent sur la porte de la maison une inscription indiquant les titres et l'âge du défunt.

Les descendants directs, habillés de blanc et la tête entourée de bandelettes de la même couleur, s'asseyent par terre autour du cadavre et pleurent ou feignent de pleurer, tandis que les femmes poussent de véritables hurlements, à la manière des paysannes d'Irlande et d'Ecosse et des Piagnoni de la Corse.

Le fils ou le petit-fils aîné, accompagné de plusieurs parents, prend un bol de porcelaine contenant quelques monnaies de cuivre, et se dirige vers la rivière ou le puits le plus voisin, pour y acheter l'eau dont il doit laver le visage et le corps de son père, avant qu'on ne le revête de ses brillants habits funéraires, et qu'on ne le dépose dans la bière. Cette cérémonie est considérée comme si importante, que le Chinois qui n'a point de fils pour la remplir envers lui se regarde comme bien à plaindre, et que le fils qui refuserait de s'y soumettre serait déshonoré pour la vie, tandis que celui qui accomplit cette formalité a double part dans l'héritage de son père. Après être resté exposé le temps voulu par l'usage et permis par les règlements, c'est-à-dire deux jours, le mort est recouvert d'une couche de chaux vive, et l'on abaisse sur lui le couvercle, qu'on scelle hermétiquement. Le tout étant bien vernissé, on place dessus une tablette indiquant d'abord le nom de l'empereur régnant, comme font les arrêts de nos tribunaux, et se terminant par l'éloge du défunt. Cette tablette, dont l'inscription est plus tard sculptée sur la pierre du tombeau, est rapportée dans la famille après l'inhumation, et placée dans la salle des ancêtres s'il y en a une, et s'il n'y en a point, ce qui est une marque de pauvreté, dans quelque lieu retiré de la maison, où on la conserve avec vénération, allant la visiter et prier devant elle à certaines époques. Ces tablettes rappellent les lares et les pénates des Grecs.

Le vingt et unième jour après le décès, on voit se diriger vers les hauteurs occupées par les cimetières le cortége funèbre, composé des enfants, des femmes et des amis du défunt. Là, au milieu des pleurs et des cris de toute sa famille, on le dépose dans le sépulcre qui lui a été préparé, à l'endroit qu'on a jugé le plus sec, le plus à l'abri des fourmis, et par ces raisons le plus propre à retarder la décomposition du corps. Ce sépulcre ne peut jamais excéder sept coudées (à peu près trois mètres).

Il est ici à remarquer que le cercueil se porte toujours, en opposition de nos usages, la tête en avant, et qu'il est précédé d'une espèce de tabernacle renfermant la tablette du mort. Les cadeaux qu'on lui destine, et qui consistent ordinairement en riz, en porc, en volailles, sont déposés sur la tombe. On fait suivre le cortége des liqueurs, dont on fait d'abondantes libations; des vêtements, qu'on brûle pour l'usage du défunt dans le monde des esprits, et des papiers d'or et d'argent, qu'on brûle pareillement. Tout ceci figure la dotation qu'on lui fait, et que les Chinois sont trop bons économes pour donner en valeurs plus réelles.

Ces cérémonies accomplies, et après de nombreuses prosternations, le cortége se retire, remportant en grande pompe la tablette mortuaire, devant laquelle, de retour à la maison, on dépose des offrandes semblables, qu'on renouvelle matin et soir durant sept fois sept jours avec force prières et génuflexions. Au bout de ce temps on fait une visite à la sépulture, avec les mêmes cérémonies qu'au jour des funérailles, et c'est là la clôture du grand deuil. Après cela on ne revient plus aux cimetières qu'à deux époques solennelles; l'une au commencement du printemps et l'autre à celui de l'automne. La population entière s'occupe alors à balayer et à parer les sépulcres. Après y avoir récité des prières et déposé ses offrandes, vers le soir, elle redescend des collines, semant sur son passage de longues banderolles de papier en témoignage de l'accomplissement de ses devoirs.

L'enterrement des riches est quelquefois différé des mois entiers, par le même motif qui fait si souvent retarder les mariages : les astres ne sont point propices, ni la saison favorable. Le choix du terrain est une autre difficulté pour ce peuple superstitieux. Ils croient que de l'emplacement et des ornements du tombeau dépend le repos de leurs parents, qu'ils exposent ou qu'ils soustraient ainsi à l'influence des esprits infernaux. Le cyprès est, comme chez nous, l'arbre qu'ils ont consacré à l'expression du deuil, et dont ils ombragent leurs tombeaux. Sa couleur sombre, sa forme régulière et immuable en fait bien naturellement le symbole de la douleur et de la mélancolie.

Dans les temps très anciens, on faisait des mannequins de paille qu'on enterrait avec le mort; c'étaient, disait-on, les serviteurs dont il aurait besoin dans la terre des dix mille années. Plus tard on perfectionna ces images, d'abord si imparfaites, au point que Confucius en réprouva violemment l'usage, prévoyant qu'elles devaient inévitablement être un jour remplacées par des créatures humaines. En effet, plusieurs empereurs ordonnèrent, à leurs derniers instants, que toute leur maison fût tuée et enterrée avec eux. Le dernier qui exigea cet horrible sacrifice se nommait Che-Hwang-Te et vivait 150 ans avant J.-C. Après lui, l'usage ne fut plus obligatoire, mais quand on s'y dévouait volontairement on en était hautement estimé. Cette coutume n'existe plus qu'au Malabar, où les efforts de la législation anglaise parviendront sans doute à l'extirper.

A l'occasion des funérailles, il est d'usage pour les amis de faire au chef de la famille des cadeaux qui le dédommagent des grandes dépenses auxquelles il est exposé en cette circonstance. Ces cadeaux s'intitulent *offrandes respectueuses au mort*.

Le deuil se porte, avons-nous déjà dit, en blanc; ajoutons que cette couleur s'étend même à la chaussure, et à la lanterne que le serviteur porte devant son maître lorsqu'il sort, et que l'on conserve toujours allumée, même dans la maison, tant que dure le deuil. Il est ordinairement de trois ans pour le père ou la mère; mais l'usage le réduit à 27 mois, et diminue dans la même proportion tous les autres. Tout employé du gouvernement obtient un congé de trois ans à la mort de l'un ou de l'autre de ses parents; soit qu'on le lui accorde pour aller se consoler avec le reste de famille, et veiller à ses intérêts, ou qu'on suppose que pendant tout ce temps sa douleur sera trop grande pour lui permettre de vaquer avec discernement aux affaires publiques. Dans les deuils ordinaires, on est vêtu d'un drap grossier, et on laisse croître la barbe et les cheveux, négligeant généralement tout soin extérieur de sa personne. Cet usage se trouve semblable à celui que les Hébreux observent en pareil cas. Mais, pour un père ou une mère, on doit coucher sur la paille, reposant la tête sur une motte de terre, et l'on ne peut se marier avant trois ans bien révolus. A la mort de l'empereur, toute la Chine prend le deuil pour trois ans, chaque homme ayant perdu en lui son père. Les mêmes formalités que dans les deuils particuliers sont observées, et les mandarins se dépouillent de leurs décorations et des autres insignes de leur rang.

En nul pays l'homme n'est constamment d'accord avec lui-même; ne nous étonnons donc point trop des contradictions où l'on surprend les Chinois sur tout ce qui a rapport à la cessation de l'existence. Ils ont un respect excessif pour leurs morts et en même temps un grand dégoût; la rencontre d'un convoi les frappe pour ainsi dire d'effroi, ils la considèrent comme d'un mauvais augure; ils font quelquefois prendre de longs détours à ces processions, pour les empêcher de passer sur des terrains considérés appartenant à l'empereur. Le mot *mort*, le mot *enterrement*, les blessent et sont fréquemment remplacés par des expressions détournées. On ne meurt pas, mais *on devient immortel*; c'est une tournure aussi adroite que morale, puisqu'elle rappelle à l'idée de l'immortalité de l'âme. Des obsèques sont une *cérémonie blanche*. Et puis, lorsque vous croyez ces gens bien peureux, bien effrayés du trépas, à votre grande surprise on vous dit qu'eux-mêmes, et en bonne santé, ils achètent avec soin les planches de leur cercueil; qu'ils le font confectionner sous leurs yeux, de bois odoriférants, surtout de cèdre, et que l'entier achèvement de cet ouvrage est l'occasion d'un brillant et joyeux festin où l'on réunit tous ses parents et grand nombre d'amis. L'empereur, qu'en tant de circonstances on semble vouloir persuader de son immortalité, prépare sa bière le jour même de son avénement au trône; ce qui prouve jusqu'à quel point on est persuadé, dans ce pays-là, que cette sage précaution doit prolonger la vie au père de toute une nombreuse nation.

CHAPITRE X.

DE L'AGRICULTURE.

On reconnaît le degré de civilisation d'un peuple à ses occupations. L'homme à l'état sauvage est chasseur; il se nourrit de chairs, souvent crues et palpitantes, qui alimentent sa force et sa férocité. Ensuite il devient pasteur : à un exercice violent succèdent des soins réguliers; à regret, il se nourrit des bêtes de son troupeau, qu'il connaît et qui accourent à sa voix. C'est alors qu'il dénature la viande par la cuisson. Plus tard il se fait agriculteur, et les fruits de la terre sont l'aliment qu'il préfère : son sang en est rafraîchi, et ses mœurs s'adoucissent. Bientôt il se livre à l'industrie manufacturière, il demande aux sciences et aux arts les secours qui lui sont nécessaires, et c'est là le plus haut point qu'ait atteint jusqu'ici l'homme civilisé.

Lorsqu'ils commencèrent à se tourner vers la culture des terres, les Chinois eurent beaucoup à souffrir du voisinage des Tartares, dont le gibier détruisait leurs semences; les bêtes féroces dévoraient leurs animaux domestiques. Pour s'en garantir, ils élevèrent la fameuse muraille dont on voit encore les débris.

Le boudhisme, qui est la religion du peuple et qui admet la transmigration des âmes dans le corps des animaux, a, depuis son introduction dans le pays, fait négliger le soin des troupeaux. Les Chinois, répugnant à se nourrir de viande, se sont appliqués davantage à l'agriculture; le gouvernement les a fortifiés dans cette disposition, et maintenant on ne peut tuer un animal sans son autorisation. C'est qu'il sait que la viande rend toujours impétueux et turbulent, tandis que la nourriture végétale lui fournit un peuple docile.

En Chine on ne voit point de terres incultes ou de terrain perdu. Les animaux étant en petit nombre, on les nourrit dans leurs étables avec les feuilles des arbres ou les tiges du blé de Barbarie, au lieu de leur sacrifier de vastes prairies comme dans la plupart des contrées d'Europe. L'économie des Chinois à ce sujet va jusqu'à reléguer leurs morts, malgré le respect qu'ils leur portent, dans les endroits les plus stériles; ils placent les tombeaux au sommet des montagnes, parmi les rochers où ne se trouve point de terre végétale. Après cela, inutile de dire que les bourgeois n'ont point de jardins, que les mandarins les plus riches n'en ont que de fort petits. Cette jouissance est un privilége réservé à l'empereur. Il en a de grands et magnifiques à Pé-kin et à Thé-hol, qui font l'admiration du peuple et peut-être son envie.

La chasse est encore un plaisir dont se trouve privée même la classe la plus élevée, car il n'y a en Chine point de parcs, point de forêts. Pour le chauffage, on se sert de charbon, dont le pays renferme des mines abondantes ; les pauvres brûlent de la tourbe, et les plus misérables des feuilles. Les bois de construction sont tirés de la Tartarie, du Japon et des îles.

Comme les Chinois n'ont point de voitures, ni de chariots comme les nôtres, et que presque tous leurs transports se font par eau, leurs chemins publics enlèvent peu de terrain à la culture ; les plus larges ne sont que des sentiers. Les limites des proprietés sont des bornes et très rarement des haies qui tendent à s'élargir ; les fossés des rizières sont en briques, moins en vue de leur durée que parce qu'ils prennent ainsi moins de terrain.

Les marais ont presque partout été desséchés et cultivés ; ceux que la pompe hydraulique n'a point transformés en champs fertiles ne laissent pas de fournir leur contingent à la moisson. On lance dessus des radeaux de bambous, recouverts de terre, qu'on cultive comme on le ferait d'un terrain plus solide. Outre leur avantage réel, ces champs flottants remplacent agréablement à l'œil la tristesse et la désolation des marécages.

Non seulement en Chine on ne voit point de terres en friche; mais, par une loi très utile à l'agriculture, toute terre non cultivée est confisquée au profit du souverain, qui la cède à d'autres gens ayant le besoin et l'envie de la travailler. C'est par des dispositions semblables, et que nous devrions imiter, que la Chine parvient à nourrir ses nombreux habitants. Il y a encore l'avantage que le même champ produit par année jusqu'à trois récoltes : les deux premières sont généralement de riz, cette denrée la plus commune et la plus indispensable au pays; la troisième consiste plutôt en légumes, dont il se fait aussi une grande consommation, et qui reposent la terre. C'est surtout à la renouveler qu'éclate l'industrie chinoise; rien n'est négligé pour lui rendre de la vigueur : engrais, irrigations et fréquents labourages. Ces dernières opérations se font, comme en Europe, au moyen de la charrue à soc, que les laboureurs font traîner par de petits buffles, surtout dans les terrains marécageux; ces animaux ne souffrent point de l'humidité. Dans les terrains secs il est plus commun de voir les hommes et les femmes s'atteler eux-mêmes à la charrue; mais on ne fait presque point usage de bœufs ni de chevaux, qui sont peu nombreux dans le pays et de chétive apparence, y étant à peine nourris. La terre ainsi retournée, mais sans qu'on y ait tracé de sillons (les Chinois n'en reconnaissant point l'utilité), on procède aux semailles. Le grain qu'on emploie a été soumis à la fermentation, et il est toujours en germe lorsqu'on le dépose dans le sol. De cette manière, il jette plutôt ses racines et souffre moins des oiseaux et des vers. Dans le labourage, les Chinois n'emploient pas toujours la charrue; quelquefois ils préfèrent la bêche, la pioche et la houe, surtout lorsque ce sont des femmes et des enfants qu'ils chargent du travail.

Ils ne négligent pas non plus les irrigations, en connaissant bien tous les avantages, et la nature leur ayant distribué l'eau avec tant de libéralité. Chaque paysan porte avec lui une pompe à main, dont il ne se sépare pas plus que de ses autres outils.

Mais c'est particulièrement vers les engrais, cette industrie si efficace de l'agriculture, que sont tournés tous leurs soins. Les peines qu'ils se donnent pour recueillir leur fumier et l'améliorer, c'est-à-dire le rendre plus infect et abominable, nous sembleraient bien ridicules. Tout y concourt : aux rebuts de tous genres qu'offrent leurs cuisines ils ajoutent les cendres, les suies, les débris des dernières récoltes, qu'ils brûlent ou laissent pourrir suivant que le cas l'exige. Non seulement ils emploient les excréments des animaux, mais les hommes sont tenus de satisfaire aux besoins naturels en des endroits déterminés. Les urines sont conservées dans des urnes qu'on enterre pour prévenir l'évaporation. Les barbiers, qui forment une corporation très nombreuse, et qui parcourent les villes et les villages, ont tous un sac de cuir dans lequel ils recueillent les rognures de barbe, de cheveux et d'ongles de leurs pratiques. Ils retirent quelque profit de ces ordures, en les vendant à ceux qui en tiennent des dépôts pour les agriculteurs.

Le riz est le grain que les Chinois recueillent le plus abondamment; ils en obtiennent deux récoltes chaque année, quelquefois trois. Quand on ne tire pas du sol une troisième récolte de riz, on lui fait produire des choux, des pommes de terre, des fèves et d'autres légumes. Le millet, le blé, le maïs, sont cultivés en Chine. Mais le riz est à la fois nourriture et boisson, puisque par la fermentation on en obtient une espèce de bière, qui tient lieu aux Chinois de vin. Le raisin, qui est très beau et très abondant dans le midi, n'est estimé par eux que comme fruit; ils n'en tirent point de liqueur; un ancien décret s'y oppose.

Une vieille tradition rapporte que, vers l'an 2,000 avant J.-C., un nommé *Yu*, que nous appellerons le Noé chinois, introduisit le vin dans le pays; mais l'empereur, en ayant goûté, exila *Yu* et prohiba le breuvage, prédisant qu'il serait la ruine des nations qui l'admettraient.

Le riz de la Chine est plus gros que celui des Indes et celui de l'Italie. On préfère le blanc au rouge. Cru on l'appelle *me*, et *fan* lorsqu'il est cuit. Dans leur style allégorique, les Chinois le désignent encore comme *le soutien de la vie*. En plusieurs endroits de l'Europe, les paysans donnent cette qualification à la *polenta*, faite de la farine du blé de Barbarie.

Un champ de riz offre assez l'apparence d'un champ de salade, chaque germe ayant été déposé dans un trou à distance symétrique des autres.

Les cylindres pour broyer le riz ont été importés de Chine en Europe par les Hollandais. Ces cylindres, qui sont généralement de granit, étant fort lourds et requérant plusieurs chevaux pour les traîner, les Chinois les remplacent souvent par des fléaux; car tous nos instruments aratoires leur sont connus, soit qu'ils aient eu les mêmes idées que nous, soit que les jésuites et les autres voyageurs nous aient rapporté leurs inventions. Tout ce qui est certain, c'est qu'en agriculture ils sont nos égaux, sinon nos maîtres, et qu'on ne peut les accuser d'être venus nous rien emprunter. Ce en quoi surtout ils nous sont supérieurs, c'est à ménager les forces et le travail de l'homme ou des animaux; ils profitent merveilleusement pour cela de toutes les circonstances, tantôt s'aidant de la pente du terrain ou du voisinage des eaux. Ceux qui ont visité la collection chinoise de Londres ont pu vérifier tout ce que je viens de dire, car elle contient tous les instruments d'agriculture dans les plus petits détails, ce qui rend cette collection si précieuse.

Immédiatement après le riz, il faut parler du thé, cette autre production à laquelle les Chinois consacrent tant de soins. C'est pour eux un grand objet de consommation et de profit depuis que les Anglais, y ayant pris goût dans leurs colonies indiennes, en ont introduit l'usage en Europe; avant eux, les Hollandais nous l'avaient fait connaître; mais nous l'avions plutôt considéré comme une plante médicinale, et nous l'avions relégué dans nos pharmacies.

Le thé noir et le thé vert, ainsi que leurs différentes espèces, sont les feuilles du même arbre, mais préparées diversement. Leurs noms varient suivant l'âge des feuilles, leur grandeur, le temps qu'elles ont passé sur le feu. Le thé le plus estimé est celui que l'on appelle poudre à canon; les feuilles en sont les plus petites, les plus jeunes et roulées à la main; mais, ce procédé étant fort lent, l'avidité du gain fait employer la fraude. On coupe les grandes feuilles en plusieurs morceaux, et l'on confie au réchaud le reste de l'opération. Il est presque impossible à des yeux européens de distinguer cette contrefaçon de la véritable poudre à canon, dont bien peu, je crois, nous est jamais parvenu.

Le meilleur thé se recueille, entre le 27e et le 31e degré de latitude septentrionale, sur les pentes sud-est d'une chaîne de collines qui divisent la province de *Fo-cheng* de celle de *Kiang-see*. Il y a sur cette culture un conte fantastique de deux frères nommés *Woo* et *E*, fils d'un ancien prince, lesquels se refusèrent à lui succéder pour venir s'établir sur ces collines et y cultiver la plante précieuse. La culture du thé en Chine est aussi intéressante et aussi productive que celle du vin en France.

La soie étant une branche importante de leur commerce, on doit se douter que les Chinois ne négligent pas la culture du mûrier ; s'ils ne pourvoyaient pas à la nourriture des vers, la récolte de soies serait manquée. Selon les traditions chinoises, les vers à soie étaient déjà connus du temps de Yao. Les premières soies servirent à faire des cordes pour les instruments de musique, particulièrement la *kin*. Mais les soins des Chinois ne se bornent pas là, les vers à soie sont l'objet d'une attention qu'envierait une petite maîtresse européenne. Point d'odeurs près des salles où on les élève, point de bruit. Le tonnerre ayant été reconnu nuisible aux petits au moment de leur naissance, on en a inféré qu'il leur fallait la plus grande tranquillité pendant toute leur existence. On ne les approche que sur la pointe des pieds et l'on ne parle près d'eux qu'à voix basse, comme nous le faisons dans la chambre d'un malade. Leurs gardiens ne souffrent pas qu'on chante près des salles, et s'inquiètent quand les aboiements d'un chien s'y font entendre.

Les Chinois mettent en outre une grande attention, qui est beaucoup plus sensée, à régler le degré de chaleur de ces salles, de façon à ce que la naissance des vers coïncide avec celle des feuilles du mûrier. Ces feuilles ne sont pas leur nourriture exclusive; on leur donne aussi celles de la morelle sauvage, qui est une variété du frêne.

Il y a sur la culture du mûrier et l'éducation du ver à soie des ouvrages publiés par autorité impériale, car le gouvernement et l'empereur même, comme nous avons vu, sont toujours occupés à favoriser l'agriculture, qui est le véritable bien-être du peuple.

Les Chinois font une consommation encore plus grande de coton que de soie. Il sert à l'habillement de toutes les classes inférieures. Le pays n'en produisant pas assez pour ses besoins, on en tire de Bombay une immense quantité. A côté des champs à coton se voient ceux à indigo, teinture que les Chinois affectent à leurs calicots.

Le bambou est une plante indigène qui n'a point de semblable en Europe. C'est un roseau creux et solide; il est garni de nœuds; sa tige se resserre et diminue à mesure qu'elle croît; les branches, peu nombreuses, sont d'un vert clair et brillant; les feuilles sont longues et étroites.

Les Chinois comptent plus de 60 espèces de bambous. Ils s'en servent à tous les usages; ils en construisent des vaisseaux et des maisons aussi bien que des meubles et des ustensiles de ménage. Ils le réduisent en pâte, dont ils font du papier, et mangent, en guise de salade, les jeunes rejetons.

Les chênes de la Chine sont de différentes espèces; il y en a de si petits, qu'ils méritent au plus le nom d'arbustes, *quercus glauca*, *quercus cuspidata*. Un de ces chênes est désigné par Linné sous le nom de *ligustrum lucidum*, et par les Européens sous celui d'arbre à cire. On enduit le tronc de cet arbre d'une matière sucrée; les fourmis, y accourant, donnent bientôt à l'écorce une apparence raboteuse, alors les abeilles y viennent déposer leurs œufs et la cire. Cette cire est bonne à brûler, mais elle n'est pas belle, et les Chinois ne savent pas la clarifier.

Ils cultivent aussi le camphrier, espèce de laurier que les botanistes appellent *Laurus camphora*. C'est en mettant le feu à l'écorce de l'arbre qu'ils obtiennent la liqueur qui, congelée, prend le nom de camphre.

Une autre variété de laurier leur produit ce vernis dans l'emploi duquel ils n'ont point encore été égalés. L'arbre à vernis a des feuilles grasses et charnues, tendres et délicates. On obtient le vernis en faisant des incisions au tronc et aux branches. La liqueur épaisse qui sort des feuilles est corrosive; on ne doit les toucher qu'avec précaution.

L'arbre à suif (*Croton sebiferum*) a la forme du cerisier. Les feuilles en sont rouges et le fruit blanc, contraste de couleurs très extraordinaire dans les arbres. Les grains contiennent une matière grasse qui, mêlée à l'huile, sert à faire des chandelles pour les pauvres, dont la mèche est de bambou. Les Hollandais, les Portugais et les jésuites, qui nous ont rapporté tant d'autres productions de la Chine, n'ont sans doute négligé celle-ci qu'à cause de son inutilité pour nous. La graisse des animaux supplée abondamment au suif végétal.

Dans les provinces méridionales de la Chine on cultive le sucre, mais en petite quantité et seulement pour la consommation du pays. Les cannes renferment un gros ver blanc, que les Chinois trouvent un mets très délicat lorsqu'il a été frit dans de l'huile. Cette huile, qu'ils emploient dans leurs cuisines, est généralement celle du palma-christi, qui, chez eux, n'est pas un arbuste, mais un arbre à tronc.

Le gingembre, le tabac et le chanvre sont aussi cultivés par les Chinois. La dernière de ces trois plantes est la moins estimée, parce qu'ils la remplacent par la soie, le coton et le bambou. On fait au contraire grand cas du tabac, tous les Chinois étant fumeurs. Cette plante a, dit-on, plus d'un mètre de hauteur.

L'arbre le plus extraordinaire de la Chine et qui lui est bien indigène, c'est le *Ficus religiosa* ou bananier; les Chinois l'appellent l'arbre immortel, surnom que justifie en quelque sorte la propriété qu'ont ses branches de reprendre racine chaque fois que l'extrémité en touche la terre. Cette particularité donne à l'arbre des dimensions surprenantes et presque incroyables pour ceux qui ne l'ont jamais vu. Après un certain nombre d'années ce n'est plus un arbre, mais une petite forêt d'arbres, liés les uns aux autres comme les anneaux d'une chaîne. On a poétiquement comparé à l'aïeul d'une nombreuse famille ce tronc paternel qui voit croître et se déployer autour de lui ses innombrables enfants. Il est l'emblème parfait de la vie si patriarchale des Chinois, de la bonne intelligence qui unit les frères et les tient rassemblés autour de leur père. J'ai vu dans la collection de Londres un tableau représentant un des plus grands bananiers : il n'avait pas moins de deux cents gros troncs et trois mille petits, il aurait pu abriter six à sept mille hommes.

Le peuple qui possède ces arbres gigantesques est aussi le premier qui se soit occupé de la culture des arbres nains. L'usage d'arrêter la croissance des arbres est commun à toute la Chine, c'est par là qu'on éprouve l'adresse du jardinier. Quand ces plantes sont bien raccourcies et bien déformées, elles valent des prix exorbitants. La manière la plus usitée consiste à replier vers la terre les derniers rameaux d'une grosse branche, à les y enfoncer et les y tenir jusqu'à ce qu'ils y aient pris racine, ce qui s'opère tout de suite. S'ils sont trop courts pour être facilement ramenés vers le sol, on supplée à cet inconvénient par des vases remplis de terreau, qu'on place à la hauteur convenable. Lorsqu'elles ont jeté des racines, ces jeunes branches sont coupées du tronc, et plantées en pleine terre, si elles n'y sont pas déjà. On refoule ordinairement leurs rejetons, en les brûlant après les avoir taillés, et l'on rend l'écorce raboteuse et presque noueuse en la frottant de substances sucrées qui y attirent les fourmis. Les cyprès, les tilleuls, les chênes, subissent la mutilation, et obtiennent l'apparence rabougrie devant laquelle s'extasient les jardiniers chinois. Ils assurent que la transformation est surtout utile aux arbres fruitiers, que les nains donnent des fruits plus gros et plus savoureux, parce que la nourriture qui devait alimenter le tronc passe aux branches. Ils prétendent aussi que les arbres nains rapportent davantage et durent plus long-temps.

Nous ne nous sommes jusqu'ici entretenus que de l'agriculture d'utilité ; passons à l'agriculture d'agrément, aux fleurs, si recherchées et si prodiguées en Chine, soit pour la toilette des femmes, soit pour l'ornement des appartements.

Le camellia est celle des fleurs chinoises que nous avons accueillie avec le plus d'enthousiasme ; la mode en est presque devenue fureur.

Le camellia est la fleur du thé ; il est sans odeur et ordinairement blanc : les champs de thé en floraison paraissent comme s'ils étaient couverts de neige.

Il y a encore d'autres camellias, différents de formes et de couleurs, mais toujours sans parfum, qu'on cultive dans les jardins. Le *Camellia sesanqua* produit une espèce de boule comme le pavot, dont les Chinois tirent une huile excellente.

La *Clorantus* ou *Gardenia florida* est une fleur très parfumée, de même que le *Tuh-shon*. C'est une espèce de citronnier dont la fleur et le fruit ont une odeur suave qui remplit un appartement, quelque vaste qu'il soit. On ne l'a point transporté en Europe, à cause de son extrême délicatesse.

Les pivoines, les fleurs de l'oranger et du citronnier sont celles qu'on préfère en Chine ; les femmes les réservent pour leurs cheveux. Les fleurs estimées plus communes sont mises dans des vases, et décorent les portes et les terrasses.

Les arbres nains et les arbustes sont plantés dans les cours intérieures des maisons et des temples : car, nous le répétons, l'empereur seul et les plus hauts mandarins ont des jardins de plaisance ; le peuple n'a que des cours et des potagers.

Il y a des marchés aux fleurs. Là, elles se vendent en bouquets, en guirlandes, en pots et en graines. Lorsque la saison les rend plus rares et hors de prix pour un grand nombre de bourses, on les remplace par des fleurs artificielles, sur lesquelles on a versé l'essence qui doit achever l'illusion.

Les Chinois poussent l'art et le goût plus loin que nous : la vue d'un arbre dépouillé de fleurs et de fruits, surtout de feuillage, leur blesse la vue; ils y remédient par l'application de ces objets, imités en soie ou en papier de manière à tromper l'œil.

Ils ont un autre talent, celui d'obtenir des fruits extraordinaires par le mélange de ceux qu'ils possèdent. Par exemple ils ont greffé le coignassier sur l'oranger, ce qui leur a donné un fruit délicieux, réunissant la saveur des deux autres, et préférable à chacun.

Les jardins de l'empereur prouvent ce que les Chinois sauraient faire en ce genre, s'ils y étaient autorisés. Les jardins anglais n'en sont que des copies.

Mais c'est la nécessité qui a rendu les Chinois agriculteurs habiles et industrieux. Il a fallu suffire à tout, à la subsistance d'une population immense qui ne peut émigrer, et au paiement des impôts, dont une partie se lève irrémissiblement en denrées. C'est au moyen des impôts que les gouvernements peuvent faire le bonheur des états, et forcer les riches à partager une partie de leurs biens au profit des pauvres.

CHAPITRE XI.

DU COMMERCE.

Dès les temps les plus reculés, nous voyons le gouvernement chinois occupé de tout ce qui peut favoriser l'agriculture et le commerce, ces deux bienfaisantes nourrices des populations, sans lesquelles tout est tristesse et misère.

Un peuple adonné à la culture des terres devient presque aussitôt commerçant. Un agriculteur, ne pouvant, sans beaucoup d'embarras, faire produire à son champ tout ce dont il a besoin et dans la proportion nécessaire, trouve plus naturel de recueillir en grande quantité quelques denrées appropriées au terrain et d'en échanger le superflu contre les provisions qui lui manquent. Pour la manufacture surtout, cet arrangement est essentiel, parce que l'art rend utile et précieux ce qui ne l'était pas, et parce que le même homme ne peut pas se rendre habile dans la fabrication de tant de divers objets. C'est ainsi que le commerce, dans l'origine, s'établit parmi les hommes.

La politique a vu encore dans l'agriculture et dans le commerce deux moyens d'occuper les hommes, et de les rendre plus paisibles et plus faciles à être gouvernés.

Les toiles de coton, les draps de soie et les porcelaines de la Chine nous sont arrivés aussitôt que la navigation européenne a pu se risquer dans ces mers lointaines. Les Portugais, les Hollandais et les Espagnols sont les premiers peuples qui ont établi le commerce avec la Chine. A leur remorque, sont venus les Français, les Suédois, les Anglais, et plus récemment les Américains des Etats-Unis ont cherché aussi à entrer en relation avec le Céleste-Empire. Mais ce n'était pas chose facile, les Chinois se tenant en garde contre tout ce qui vient du dehors; cependant ils convinrent d'accepter quelques échanges, à la condition que les marchands européens se tiendraient dans les ports qu'on leur désignerait et ne vendraient qu'aux négociants autorisés par le gouvernement, n'ayant point de communications avec le reste du peuple. C'est ainsi que s'est formée la compagnie des *hongs* établie à Canton et à Macao. Les Russes cherchèrent à s'introduire en Chine par la Sibérie; ils arrivèrent jusqu'à la grande muraille, mais ne purent obtenir de pénétrer dans l'intérieur du pays. On leur désigna Kiachta, ville frontière de la Tartarie, comme le seul lieu où ils seraient reçus, et on envoya de nouveaux *hongs* pour traiter avec eux.

Tous ceux qui, par une faveur spéciale, ont pu visiter la Chine en tout ou en partie, ont été surpris du mouvement de la navigation intérieure des rivières et des canaux, ainsi que du commerce actif qui anime les plus petits endroits.

La Chine pourrait fournir à nos manufactures des consommateurs plus nombreux que toute l'Europe réunie. Elle présente mille lieues de côtes, où débouchent des fleuves navigables. Les habitants sont riches, industrieux, habitués au commerce, que favorise leur situation. Les paysans ont dans leurs cabanes des métiers sur lesquels ils tissent, pendant l'hiver ou lorsque le temps ne leur permet pas de travailler à la terre, ces toiles de coton couleur naturelle que nous appelons nankin ; les mêmes hommes sont ainsi tour à tour laboureurs et fabricants, ce qui fait qu'ils ne sont jamais oisifs. Ils font beaucoup d'ouvrage en peu de temps, parce qu'ils évitent le bruit et la confusion, qualité qui les place en opposition directe avec le reste des Asiatiques.

Le marchand chinois entend mieux le commerce que l'Espagnol et le Portugais ; il est intelligent, actif, obligeant. Le détaillant a toujours en permanence sur son comptoir l'urne et les tasses à thé, et il n'entre en affaires qu'après en avoir offert à sa pratique avec les compliments d'usage. Un autre signe distinctif des magasins chinois, c'est un petit autel élevé au dieu Plutus, sans la protection duquel le marchand croirait ne pouvoir s'enrichir. Au-dessus de la porte se lit une étrange défense qui ne donne point une haute idée de la charité individuelle des Chinois : « Qu'il n'entre ici ni prêtres, ni mendiants. »

Les magasins qui présentent l'apparence la plus brillante sont ceux de cristaux et de porcelaines. Les vases y sont disposés avec un goût séduisant pour l'œil et l'imagination.

Ceux où se vendent les pipes et les éventails ne leur cèdent guère en magnificence. Ils sont nombreux et bien fournis, tout le monde fumant en Chine, même les femmes, et tous les individus s'y servant d'éventails, jusqu'aux soldats. Il y a de ces pipes et de ces éventails qui valent des prix énormes par le fini de leur travail, dans lequel les Chinois excellent.

Les magasins de soieries offrent encore un coup d'œil agréable; les Chinois fabriquent de beaux châles fort estimés en Europe, cependant beaucoup moins que ceux de l'Inde.

Mais leurs boutiques les plus simples, celles où se vendent le thé et les épices, etc., charment encore la vue par l'ordre qui y règne. Y entrez-vous?

le marchand semble toujours avoir sous la main juste la chose qu'il vous faut.

Mais ce commerce de détail et tout d'intérieur doit peu nous arrêter; cependant nous ne pouvons passer sous silence le trafic qui se fait en teinture d'arack, attendu qu'il est considérable et on ne peut plus généralement répandu.

La noix d'arack, qu'on appelle ordinairement noix de bétel, du nom de la feuille sur laquelle on la sert, est le fruit d'un palmier très mince, qui n'a guère que six pouces de diamètre sur trente pieds de hauteur. Cette noix, qui est d'un goût délicieux, est moins appréciée pour cet avantage que pour la suavité dont elle parfume l'haleine, le vif et solide incarnat dont elle colore les gencives et les lèvres lorsqu'elle a reçu quelque préparation. On prépare la noix et la feuille avec la chaux vive des coquilles de petits mollusques, qu'on a soigneusement calcinées exprès, et l'on y ajoute un peu de couleur rouge. Un morceau gros comme une pastille, pris à longs intervalles, suffit pour donner à la bouche le parfum et la teinte désirés. Cette noix conserve, dit-on, les dents belles, et fortifie l'estomac. Elle est un peu plus grosse que la noix de muscade et plus dure, mais de même forme. Ainsi que la feuille de bétel qui l'accompagne toujours, et dont le goût est piquant et aromatisé, elle demande un sol fertile et beaucoup d'eau; elle ne croît pas en Chine, on la tire de Java, de Malacca et de Penang. La consommation en est immense, s'étendant de la mer Rouge à l'océan Pacifique.

Lorsqu'elle s'emploie comme cosmétique, et c'est en cette qualité qu'elle est si répandue, elle se porte suspendue à la ceinture, dans des étuis plus ou moins précieux, car les pauvres en font usage aussi bien que les riches. Dans les rues et les carrefours de Canton, il y a de nombreux étalages de cette composition, et on la débite en la partageant en aussi petite quantité que possible.

Que dire de ces fantaisies des hommes, de l'importance qu'ils attachent à certaines bagatelles qu'il leur faut aller chercher au loin et à grands frais? Nous avons le café, qui se recueille au delà des mers, et dont ne se passeraient pas plus volontiers les paysans de l'Allemagne que les nobles Vénitiens; cette boisson est aussi inutile que la noix et la feuille de bétel, et tout aussi recherchée : tout nous prouve, comme nous l'avons déjà dit, que l'homme est toujours et partout le même, parce que ses goûts ont toujours les sens pour principe.

Singulière similitude! en Chine comme ailleurs le sel a été monopolisé par le gouvernement, et c'est un de ses revenus les plus considérables. Tout le monde a besoin de sel; et, quelque élevé qu'en soit le prix, la consommation de chaque individu est si minime que le peuple en souffre peu et s'en aperçoit à peine. C'est sans doute pour cette raison que les administrateurs de tous les temps et de tous les pays ont imaginé de lever de fortes impositions sur le sel. Quoiqu'elles s'en aperçoivent à peine, les basses classes de la Chine emploient toutes sortes de moyens pour l'économiser, souvent même pour s'en passer tout à fait. Les côtes de la mer sont surveillées par des douaniers; mais ils sont impuissants à empêcher la contrebande, et l'on trouve de l'eau salée à plusieurs lieues dans l'intérieur du pays.

Le vermicelle est en Chine un grand objet de commerce. On le fabrique avec la farine du froment, à peu près de la même manière qu'en Italie. Les Chinois sont grands amateurs de ce comestible.

Les mèches des chandelles et des autres objets d'éclairage se font en amiante, en armoise (*artemisia*), ou des filaments d'une espèce de chardon, duquel on se sert aussi pour les mèches des artilleurs.

Le marchand au détail, encore plus ardent peut-être que chez nous, est comme enchaîné à sa boutique, qu'il ne quitte point, même pour prendre ses repas, et où il s'assied souvent avant le jour. Les Chinois, en général, se lèvent tous de grand matin. L'empereur et ses ministres leur en donnent l'exemple; ils sont assemblés en conseil à des heures où nos plus laborieux ouvriers ouvrent à peine les yeux. Les habitants de la campagne ont, comme partout ailleurs, des habitudes encore plus matinales; leurs brouettes, chargées de légumes, de fruits et de fleurs, qu'ils conduisent aux marchés des grandes villes, arrivent souvent avant l'ouverture des portes, devant lesquelles elles restent encombrées.

A l'exemple du reste de l'Orient, et ainsi que le font de plus en plus toutes les nations de l'Europe, et de beaucoup d'autres des cinq parties du monde, les Chinois considèrent le commerce comme une source de richesses, et, en outre, une profession honorable. Ils l'encouragent de tous leurs efforts et par les règlements les plus sages. Les approvisionnements se font avec une prévoyance et un ordre admirables dans l'intérieur. Les communications par eau, si multipliées dans cette contrée, donnent au commerce des moyens qui manquent aux autres pays.

La Chine avait autrefois un commerce très actif avec la Cochinchine, mais il s'est perdu par les guerres civiles qui ont désolé ce dernier pays, et par le dépérissement de sa marine.

Tout le commerce de la Chine s'est reporté sur les autres contrées qui l'entourent. Elle est en communication continuelle de navires de toute espèce avec les îles du Japon et de la Sonde. Elle y porte ses soieries, ses étoffes de coton, ses pierres précieuses, ses aciers, sa rhubarbe, son musc, son mercure, et reçoit en échange des bois de construction, celui de sandal, l'ambre, le corail, le clou de girofle, le poivre, etc. Autrefois la Chine tirait du Japon tout le vernis qu'on nomme encore laque du Japon, mais depuis long-temps elle l'a naturalisé chez elle, et l'a beaucoup amélioré. La laque est la résine de l'arbre *Tsi*.

Les dromadaires transportent les pelleteries et les fourrures de la Tartarie, ainsi que le charbon qu'on brûle à Pé-kin.

Les Chinois n'ont point de monts-de-piété, mais ils ont des prêteurs sur gages, qui sont soumis à des règlements et à une surveillance active qui ne leur permet pas d'extorquer l'argent des malheureux. Les prêteurs reçoivent le 2 pour 100 sur les vêtements, et le 3 pour 100 sur les autres objets. On accorde trois ans pour le rachat, au bout desquels les gages non réclamés sont vendus.

Le gouvernement chinois n'est ni banquier ni batteur de monnaie. Il ne reconnaît point non plus de banques privilégiées, mais il autorise les banques particulières, auxquelles il accorde des patentes et qu'il surveille aussi sévèrement que les maisons des prêteurs. Chaque banque a sa petite fonderie où elle opère la fusion des métaux. Les receveurs des contributions y portent leurs recettes, afin de les avoir épurées et réduites au coin de l'état, qui n'ouvre ses coffres qu'au *sycee*, c'est-à-dire argent mêlé de poudre d'or, dont la traduction littérale est *fine soie*. Ces diverses monnaies étant fondues et coulées, non pas en pièces bonnes à la circulation, mais en lingots plus ou moins gros portant le nom du district, celui du banquier, etc., sont portées au trésor de la province, qui en donne un reçu. Les particuliers déposent souvent leur argent chez les banquiers et tirent sur eux, mais les banquiers eux-mêmes ne créent jamais de billets pour leur propre compte.

Il y a des mines d'argent en divers lieux, dont quelques unes ont été épuisées, tandis qu'on a défendu l'exploitation des autres. Les plus étendues, et celles qui donnent l'argent le plus pur, sont à Fo-shan, sur la frontière de Burmah. Il y en a aussi en Cochinchine, pays dont quelques rivières charrient de l'or. Ce dernier métal, dont il y a en Chine quelques mines, y est pâle, mou et ductile. Les Chinois le réduisent par le marteau en feuilles très minces, qu'ils appliquent au papier, aux statues, aux édifices. Pas plus que l'argent, l'or ne peut sortir du pays sans être travaillé; c'est ce qui a fait dire qu'un jour l'or et l'argent du monde entier s'y trouveraient concentrés. Mais la contrebande y met ordre, et les lingots prohibés trouvent journellement le chemin de l'Europe et de l'Amérique. La monnaie chinoise ne sort pas non plus du pays, parce que le gouvernement l'a défendu, et parce qu'il n'y en a que pour le petit commerce de chaque jour.

Une seule de ces monnaies est en cuivre : c'est le *cach* ou *tseen*, dont il faut 10 pour faire un *caxie*, comme il faut 10 *caxies* pour une *mace*, et 10 *maces* pour un *taël*, qui représente une once d'argent très pur, et répond à 7 fr. 90 cent. de France. Par ce tarif on voit que les Chinois ont adopté avant nous la fraction décimale comme la plus commode.

Les grands contrats s'expriment en foles, monnaies idéales qui ont à peu près la valeur de dix francs. Toutes les grosses sommes se paient en lingots; on donne généralement à ces lingots la forme d'un canot, au centre duquel on frappe l'inscription.

Les monnaies chinoises sont de forme circulaire comme les nôtres; elles portent le nom de l'empereur sous lequel elles ont été frappées, et le mot *tung-paou*, qui signifie précieux circulateur. Elles renferment beaucoup d'alliage, même les *tseens*, malgré leur peu de valeur. Ces dernières pièces, qui n'ont guère qu'un pouce de diamètre, ont au milieu une ouverture carrée et saillante, ainsi que le bord, par où elles sont enfilées à un cordon qu'on pend à la ceinture en guise de chapelet.

Dans les temps anciens, les Chinois se servaient de monnaies en écaille et en nacre; leurs premiers *cachs* ne remontent qu'à 200 ans avant J.-C.

La dynastie *Sung* créa, dans un moment d'embarras financier, une espèce de papier-monnaie, par lequel elle espérait séduire les marchands au point de lui livrer leurs espèces; mais ces billets ne furent que faiblement accueillis.

Toutes les monnaies étrangères ont cours dans le commerce chinois; mais il y a une certaine prédilection pour les piastres d'Espagne et les ducats de Venise. Lorsqu'on vit ces monnaies pour la première fois, on les portait à la banque de Canton pour vérifier si elles étaient de bon aloi. Reconnues telles, elles recevaient une marque presque imperceptible aux étrangers, mais qui n'échappait point aux négociants chinois, et les tranquillisait.

Tout le commerce étranger se fait par l'intermédiaire des marchands *hongs*, dont la compagnie forme le *co-hong*. On n'entre point dans ce corps sans payer largement pour le privilége; mais si le gouvernement y trouve son compte, les hongs y gagnent encore bien plus. Ils sont tous fort riches. Les chefs vivent comme des princes et passent pour les particuliers les plus opulents du monde entier. On prétend que How-qua, le principal d'entre eux, dépense annuellement plus de deux millions pour l'entretien de sa famille.

Quoique la compagnie des *hongs* ne soit pas positivement une association, en ce que chaque individu y jouit de ses gains particuliers, cependant elle est, par une sage mesure de l'autorité, rendue solidaire des dettes contractées par chacun de ces membres envers les étrangers et le gouvernement.

On donne le nom de factoreries aux magasins des *hongs*. Elles occupent au bord de la rivière de Canton un terrain qui n'a pas plus de 220 mètres de façade sur 330 de profondeur. C'est dans ces étroites limites que se conduisait tout le commerce étranger du Céleste-Empire, qui s'élevait à trente ou quarante millions de dollars par année.

Les marchandises étrangères ne peuvent pénétrer dans l'intérieur du pays qu'après avoir obtenu le *hun pae*, passeport délivré par le vice-roi et le *hoppo* ou directeur des douanes, sous la déclaration et sous la garantie du marchand *hong* auquel le vaisseau a été consigné. Muni de ce passeport sur lequel sont déclinés son nom, la cargaison et le tonnage de son bâtiment, le capitaine peut s'aventurer sur les eaux de la Chine, car les mandarins ont l'ordre de lui prêter aide et protection s'il en était besoin.

La loi relative aux naufragés étrangers est remplie d'humanité ; elle fut rendue il y a un peu plus d'un siècle; elle s'exprime ainsi :

« Si les vaisseaux étrangers sont poussés sur les
» côtes par des coups de vent, qu'ils soient secou-
» rus aux frais du gouvernement; que les hommes

» reçoivent des vivres, des vêtements, et qu'on les
» renvoie dans leur pays après avoir réparé leurs
» navires et leur avoir restitué leurs marchandises,
» si on a pu les retirer de l'eau. »

Le décret de l'empereur finit par ces mots : « Cette loi est faite pour manifester les sentiments
» très tendres de mon cœur impérial pour de mal-
» heureux hommes éloignés de leur pays. Recevez
» cet ordre et qu'il devienne loi éternelle.

» Signé *Keen-lung*, l'an 1737. »

Foo-choo-foo, capitale de la province de *Fo-cheng*, est une ville où les savants sont en grand nombre et qui fournit des interprètes aux Européens. Le pays est fertile, il produit en abondance le sucre, le riz, le coton, le thé. Le commerce de cette ville était autrefois exploité par les Hollandais, qui ont été remplacés par les Anglais.

La plus ancienne tentative de ces derniers pour s'ouvrir un commerce avec la Chine remonte à la fin du moyen âge, sous le règne d'Elisabeth, en 1596. Les trois vaisseaux envoyés par elle firent naufrage. Les Anglais étaient alors dans l'enfance de la science nautique ; ils n'avaient encore que des notions vagues et confuses des mers orientales. Au milieu du dix-septième siècle, un second essai ne fut pas plus heureux que le premier : cette fois ce fut la jalousie des Portugais qui le fit échouer. Les Anglais ne se rebutèrent point cependant, et vers le commencement du dernier siècle, ils atteignirent enfin l'objet de leurs désirs.

Le premier vaisseau anglo-américain aborda en Chine en 1785; il y fut si bien accueilli, que les Etats-Unis en envoyèrent d'autres successivement et qu'on n'en compta pas moins de quinze en 1789; le nombre alla toujours croissant, si bien qu'en 1833 les bâtiments de cette nation qui visitèrent la Chine furent quarante. Le thé a été le principal objet de leur commerce.

Mais, depuis la dernière guerre, tout cela a changé : les traités de 1843 ouvrent à toutes les nations les cinq ports de *Canton*, *Amoy*, *Foo-choo-foo*, *Ning-po* et *Shang-hae*.

D'après les relations qui nous ont été données par l'expédition du commerce de France, qui a dernièrement accompagné M. de Lagrénée, les Chinois achèteront les draps de France et les autres tissus en laine; mais ils n'aiment pas les vins de France. Néanmoins les vins de Champagne, le lunel et le frontignan pourront y trouver un débouché par la suite, ainsi que les liqueurs et les eaux-de-vie.

Suivant les rapports de la statistique, en 1844 la France a envoyé en Chine pour 20 millions de marchandises, en 1845 pour 70 millions, et en 1846 pour 100 millions. Si la progression continue dans la même proportion, le commerce de la France en tirera un grand avantage.

La traversée de Macao à l'île d'Aix s'est faite en 130 jours par la corvette l'*Alcmène*, laquelle, partie de Macao le 6 janvier 1846, est arrivée le 14 mai, et le 15 par la Charente s'est rendue à Rochefort. Dans ces 130 jours sont compris un jour de relâche à Java et sept au cap de Bonne-Espérance. Les communications avec la Chine deviendront plus fréquentes et plus rapides si l'isthme de Suez est enfin ouvert au commerce.

CHAPITRE XII.

INVENTIONS, MANUFACTURES, INDUSTRIE.

En Chine les arts, les manufactures et l'industrie sont venus des besoins et des caprices des hommes. Chez nous, tout est différent. Nous avons les traditions des peuples qui nous ont précédés, des peuples avec lesquels nous avons fait la guerre, quelquefois en conquérants, quelquefois en conquis. Nous avons trouvé des papyrus, des bibliothèques, des monuments, des inscriptions chez les peuples et les nations qui nous ont précédés; nous avons les récits et les livres des voyageurs. Mais les Chinois, qui n'ont que des traditions chinoises, qui n'ont conversé qu'avec des Chinois, qui ne sont jamais sortis de leur pays, qui n'ont voulu recevoir chez eux les étrangers qu'après beaucoup de difficultés, sont un peuple vieux, tout à fait original, qui mérite qu'on s'occupe de lui tout particulièrement.

On pourrait, sans crainte de manquer en rien de véracité, avancer que tout est invention chez les

Chinois. Le peuple du Céleste-Empire, toujours séparé de la population du globe, est peut-être le plus vaniteux et le plus satisfait de son propre mérite. A bien peu d'exceptions près, ce qu'il n'a point créé, il l'ignore; et je me hâte de donner ici la date 1847, car il est de toute probabilité qu'avant peu ce peuple, en perdant ses mœurs primitives et son caractère original, donnera un démenti à mon opinion. C'est pour cette raison que je crois essentiel à la science de recueillir avec soin cette date, car après la dernière guerre avec les Anglais, le peuple va beaucoup changer, et se réformer sur le monde européen.

Quelque humiliant qu'en puisse être l'aveu, nous devons reconnaître que les trois grandes inventions qui ont, avant la vapeur, contribué le plus aux progrès de la civilisation européenne, nous ont été apportées de la Chine par les missionnaires. Les savants européens s'en sont emparés, et, après les avoir étudiées, nous les ont données comme le produit de leur imagination. J'entends parler de la boussole, que nous attribuons au napolitain Flavio Gioja; de la poudre à canon, que se sont contestée le moine Bacon et Berthold Schwartz; de l'imprimerie, que nous ont fait connaître trois libraires allemands, dont le plus populaire est Gutenberg de Mayence.

Les Chinois sont ennemis des machines. Ils prétendent qu'elles ôtent le travail au peuple. Ils n'ont point encore compris qu'en diminuant la main-d'œuvre elles font obtenir plus vite et à meilleur marché ce dont on a besoin, avantages dont profitent aussi bien les pauvres que les riches. Ils n'ont pas réfléchi que les machines ne se fatiguent point, qu'elles travaillent jour et nuit, et qu'elles n'ont pas, comme les hommes, besoin de repos et de réparer leurs forces.

Si les Chinois laissent faire à l'homme ouvrier tout ce que nous confions à nos mécaniques, ils sont on ne peut plus ingénieux à simplifier son travail et alléger ses fatigues. Leur esprit observateur et réfléchi les seconde merveilleusement, et les aide à se passer des connaissances scientifiques qui leur manquent.

Par exemple, les forgerons apprécient les propriétés modifiantes de la chaleur et savent si bien en profiter, qu'ils taillent le fer avec autant d'aisance que nos tailleurs découpent le drap. Lorsque le métal est suffisamment chauffé, ils l'approchent de leur large ciseau, dont une branche est fixée sur un bloc, tandis que l'autre se lève et s'abaisse au moyen d'un long manche qui lui sert de levier.

Un seul homme peut, sans plus de peine, calendrer en un jour une grande quantité d'étoffes. Les ayant placées sur une planche unie qui repose à terre, et sous un cylindre de bois dur et soigneusement poli, il monte sur la lourde pierre qui est au dessus; alors, les jambes écartées, pour avoir un pied sur chacun des deux coins de cette pierre, il jette, tantôt à droite, tantôt à gauche, son corps, dont l'oscillation chasse le cylindre avec la plus grande facilité.

Un procéde aussi simple est employé dans leurs fabriques d'huile, qui sont considérables, puisque ce produit sert non seulement à l'éclairage, mais encore à la cuisine. Ils attachent l'énorme pilon qui doit remuer incessamment le contenu de leurs immenses chaudières au cordon d'un arc de bambou qu'ils ont fixé au plafond; de cette façon, et grâce à l'élasticité de l'arc, un jeune enfant, touchant légèrement le pilon, suffit pour lui donner l'impulsion nécessaire.

Où les Chinois sont le plus étonnants et déploient le plus d'industrie, c'est dans le chargement de leurs marchandises et dans la construction de leurs édifices, surtout de leurs ponts. Ils n'ont aucun de nos moyens pour élever les fardeaux de terre et les placer où ils doivent être; cependant ils en viennent à bout. Je vais expliquer comment ils procèdent. Deux fortes perches de bambou étant fixées solidement de chaque côté de l'objet qu'il s'agit de transporter, un *coolie* ou portefaix se place à l'extrémité de chaque bâton. Si deux ou quatre hommes ne suffisent point, aux premiers bâtons on en attache d'autres en travers, et l'on en place pour un plus grand nombre d'épaules, qui toutes supportent également la charge. Si, malgré cette addition, le fardeau se trouve encore trop lourd, que fait-on? Au moyen de nouveaux bâtons en long, puis en travers, puis en long, puis en travers encore, et ainsi de suite autant qu'il est besoin, on multiplie à l'infini le nombre des porteurs, et l'on déplacerait ainsi des montagnes.

De temps immémorial, les Chinois ont connu les pompes et les roues hydrauliques tels que les Sarrasins les apportèrent en Espagne au commencement du huitième siècle. Ils en ont de différentes formes et dimensions, mais toujours d'après le même système, dont le *tread-mill* anglais donne l'idée la plus exacte. Quant à la roue hydraulique, elle est de même garnie de marches en échelons et mise en mouvement par un homme auquel on a donné un point d'appui pour les mains, comme au calendreur. Cette roue, en tournant, remplit les seaux qui y sont attachés, pour les décharger lorsqu'elle revient au point de départ. Les pompes portatives des agriculteurs consistent en un cylindre à chaînes dont les extrémités ont une espèce de levier qui pousse l'eau dans le seau, à mesure qu'il a été vidé. D'ailleurs, les Chinois se servent souvent d'un moyen plus simple. Deux hommes passent dans l'anse d'un seau une corde dont chacun d'eux tient un bout, et l'abaissent ainsi dans l'eau; quand le seau est rempli, ils raccourcissent la corde, et par une brusque secousse ils renversent l'eau dans l'endroit qui en avait besoin. Pour bien comprendre ces objets et ces opérations il faudrait en voir des modèles. La collection chinoise de Londres ne laisse rien à désirer à cet égard, et c'est à la faveur de cette collection que j'ai pu rectifier mes idées et rendre mes récits plus clairs et plus exacts.

Après ces principes généraux, sur lesquels sont établies toutes les industries, jetons un coup d'œil rapide sur celles qui méritent le plus de fixer notre attention.

Amis des lettres, nous ne saurions donner le second rang à l'imprimerie, qui leur rend de si grands services, et leur assure l'immortalité. Cet art précieux partage en Chine le sort de toutes choses, il y est resté stationnaire. Depuis des siècles on y conserve des planches de bois, grossières stéréotypies que remplaceraient si heureusement nos caractères mobiles. Ces stéréotypies ont été essayées sous la dynastie Sung ; mais comme elles se faisaient en terre glaise, l'impression en était fort défectueuse, et le mode actuel, qui est le mode primitif, est certainement préférable.

Les imprimeurs chinois n'ont point de presses. Après avoir couvert d'encre les caractères, ils appliquent leur papier dessus, et sur le dos de ce papier ils passent une brosse, et l'opération est terminée. Elle est très rapide, car le même ouvrier peut tirer de 2 à 3,000 exemplaires par jour. Les feuilles ne contiennent que deux pages et ne s'impriment que d'un côté, de sorte qu'on fait un pli au milieu pour réunir le revers blanc et non imprimé, et ce sont les marges extérieures qui se réunissent et qui se relient.

La lithographie est inconnue aux Chinois, quoiqu'ils se servent de pierres pour leurs cachets. La gravure à l'eau forte ou sur acier est fort peu avancée, et chez eux n'a jamais été employée à l'illustration ou embellissement des livres.

L'imprimerie nous rappellerait tout de suite les papeteries, si nous pouvions oublier une branche d'industrie où les Chinois ont acquis une véritable supériorité, et, ce qui est plus rare, l'ont conservée, parce que nous n'y avons pas fait de grands progrès.

Les papiers communs ou d'emballage, ceux pour lesquels on emploie la paille de riz et dont on enveloppe les paquets, sont minces et ont le grain aussi serré que les papiers les plus fins. Les uns et les autres se fabriquent à peu près de la même manière que les nôtres, et généralement en feuilles d'un mètre de long sur 60 centimètres de large. On les blanchit avec une préparation de colle de poisson mélangée d'alun qui les rend propres à y écrire. Les papiers satinés, ceux qu'on réserve à la correspondance ou à la confection des fleurs, reçoivent leur poli du frottement de pierres douces. Les beaux papiers se font avec l'écorce intérieure d'une espèce de morelle, avec le coton, la soie, et plus souvent le bambou, ce précieux végétal si utile à a Chine.

Les teintureries sont en pleine activité, car les Chinois sont, de tous les peuples, celui qui est le plus amateur de bigarrure. Leur industrie et leur esprit d'observation leur ont fait tirer des végétaux les brillantes et solides couleurs que nous admirons dans tous leurs produits. La feuille du *polygonium* leur donne le bleu; la *colutea*, le vert; le *carthamus*, un beau rouge, et le calice du gland un excellent noir. Les manufactures de soieries sont considérables, elles fournissent à la consommation du pays, et alimentent le commerce extérieur. Le gouvernement y trouve un de ses plus beaux revenus, car quelques unes de ces étoffes sont fortement imposées, et les autres tout à fait monopolisées. Malgré l'extrême simplicité de leurs métiers, les Chinois imitent exactement les dessins les plus délicats et les plus compliqués ; ils excellent, on peut le dire, dans leurs crêpes si renommés, leurs damas et leurs satins brochés.

Les toiles de coton sont d'une fabrication encore plus générale, car elles servent à l'habillement du peuple et de l'armée, et à divers autres usages. On les teint en toutes couleurs, et souvent on les laisse crues comme les pièces de nankin que l'on envoie en Europe.

Les Chinois fabriquent aussi des toiles de fil, faites quelquefois de chanvre, mais plus communément des fibres de *l'ortie morte*, et quelques étoffes de laine, dont leurs tapis sont les plus remarquables, ne le cédant point à ceux de la Perse. Néanmoins, ces deux derniers genres de manufactures n'ont point la même extension que les premiers, par la raison que le fil est avantageusement remplacé par le coton, qui coûte moins, et que la laine est rare dans le pays, où les troupeaux, comme nous l'avons déjà annoncé, sont peu nombreux et très négligés.

L'industrie de la porcelaine est sans contredit la plus en renommée parmi les Européens, et sans nul doute originaire de la Chine. C'est à cette nation que nous sommes redevables de tant d'objets utiles et agréables qui couvrent nos tables et décorent nos appartements; et c'est encore le célèbre Marco Polo qui, à la fin du 13e siècle de notre ère, nous a rapporté cette découverte, qui était alors en Chine à son plus haut degré de perfection. Les voyageurs qui ont pu pénétrer dans l'intérieur rapportent que la ville de *King-tih-chin*, près du lac Po-yang, a maintenant 700 fours qui brûlent jour et nuit sans interruption, et donnent pendant la nuit le spectacle d'un vaste incendie. King-tih-chin emploie 20,000 ouvriers à la fabrication de sa porcelaine, qui est la plus estimée de tout le pays. Cependant, lorsque l'on compare les nouveaux produits de cette industrie en Chine aux anciens, on trouve que l'art tombe en décadence depuis un siècle; c'est le sort de toutes les œuvres humaines, qui ont, comme la nature, trois périodes, l'enfance, la virilité, qui est le point de la plus grande perfection, et la vieillesse, qui en est la décadence.

Les Chinois ont des porcelaines de toute qualité; car ils les emploient à tous les usages où nous servent le verre, le bois, le fer, et surtout le cuivre, ce métal étant monopolisé par leur gouvernement.

Quoique les tuiles et les briques soient en Chine plus cuites que les nôtres, il arrive souvent qu'on se contente de les faire sécher au soleil. Elles sont d'une terre argileuse et choisie qui, après la cuisson, prend une teinte bleuâtre comme nos ardoises. Les fours à briques sont chauffés au charbon de terre ou de bois, comme ceux à porcelaine, et sont de construction peu différente.

Une industrie plus futile, mais sérieuse en ce qu'elle donne de l'ouvrage et nourrit un grand nombre de gens, c'est la fabrication des fleurs artificielles. Les Chinois placent les fleurs partout; les femmes, même les plus pauvres, ne peuvent s'en passer pour leur toilette; et quand la saison n'en donne plus, il faut que l'art en fournisse. Cette sorte d'industrie a pris en Chine un développement et une perfection extraordinaires. On ne s'y contente plus d'imiter les formes élégantes et les vives couleurs de la nature, mais, après avoir trompé les yeux, on vise encore à séduire l'odorat; chaque fleur est inondée du parfum qui lui est propre.

Anciennement les Chinois faisaient venir de Venise leurs glaces, leurs cristaux, et toutes les verroteries dont ils se servent comme ornements; à présent, ils fabriquent tous ces objets chez eux; mais, quoi qu'il en soit, leurs manufactures en ce genre laissent encore beaucoup à désirer, et elles ne sont point nombreuses. La porcelaine empêche toujours qu'on sente le besoin de les multiplier et de les améliorer.

Lorsque les glaces se tiraient de Venise, elles étaient d'un prix exorbitant qui les mettait hors de la portée des pauvres, et bien des familles aisées se les refusaient. On les remplaçait alors par des miroirs d'acier poli. Maintenant la fabrique des glaces est tout à fait tombée à Venise. Ses produits d'aujourd'hui sont bien inférieurs à ceux de France, d'Angleterre, et même de Bohême. Les anciens Vénitiens seraient extrêmement surpris de voir les dimensions gigantesques des glaces de France et le poli de celles de l'Angleterre. Les miroirs d'acier et de cuivre blanc sont encore d'un usage assez général en Chine.

Les Chinois coulent tous les métaux avec succès. Leur coutellerie cependant est inférieure à la nôtre; c'est surtout en voyant leurs rasoirs qu'on peut s'en convaincre. Ils sont très grands, d'un acier mal trempé, et peu commodes à manier pour ceux qui n'en ont point l'habitude. On les aiguise sur l'acier comme tous les autres articles de coutellerie. Les ciseaux des tailleurs ont des lames creuses en dedans; les faucilles ont des dents comme nos scies, et ces dernières ont les dents renversées, de sorte qu'on les fait agir au rebours de notre manière.

En Chine, la menuiserie et la charpenterie sont un seul état. Le même homme s'occupe de l'érection d'une maison et de ses plus élégantes décorations. Les outils du charpentier sont assez différents des nôtres, qu'ils remplacent cependant. Le compas chinois n'a point de jambes; c'est un bâton droit dont chaque extrémité se termine par une épingle. De ces deux épingles, l'une, mobile, décrit le cercle, tandis que l'autre, fixe, lui sert de pivot.

Les tourneurs en bois, mais surtout ceux en ivoire, et les ciseleurs sur or et argent, sont aussi habiles qu'on les puisse trouver en aucun lieu de la terre. La collection chinoise de Londres contient plusieurs vases dont les dessins et le fini ne laissent rien à désirer; et, au milieu des diverses curiosités en ivoire, il y a une boule qui renferme dix-sept petites sphères qui vont en s'amoindrissant, et qui sont taillées l'une dans l'autre avec une adresse admirable.

Il n'y a point d'horlogers en Chine, mais des orfèvres très capables copient avec exactitude les montres qui viennent d'Europe. Les Chinois préfèrent celles-ci, car elles coûtent moins cher.

Ce qui distingue éminemment les artisans chinois de tous les autres, ce sont leurs habitudes ambulantes. Excepté ceux qu'on emploie dans les grandes manufactures, on pourrait dire que les ouvriers ne travaillent jamais dans des ateliers. Ils transportent dans une espèce de hotte tous leurs outils et s'installent en plein air, à l'endroit où ils pensent trouver le plus de chalands. Ils ont à cet effet rendu portatifs une foule d'ustensiles qui chez nous ne se déplacent jamais, tels que des enclumes et autres objets de la même espèce. Toutes les petites industries s'exercent dans les rues; les cordonniers, les barbiers, les serruriers, les diseurs de bonne aventure, les raccommodeurs en tous genres et les petits marchands n'ont point d'autre installation. Pour s'abriter de la pluie ou du soleil, ils déploient un énorme parapluie de bambou qu'ils fixent au dessus de leur étalage, et bravent ainsi toutes les saisons.

Les barbiers et les diseurs de bonne aventure s'indigneraient qu'on les passât sous silence sans donner des détails sur des professions qui n'ont point oublié leurs anciennes gloires et qui ont encore une certaine influence dans nos contrées, particulièrement dans les méridionales.

Je commence par les barbiers, qui forment une classe nombreuse, car aucun Chinois ne se rase lui-même. Les barbiers ne peuvent exercer sans une patente du gouvernement. Malgré cette entrave, leur fraternité s'élevait à Canton, en 1834, au chiffre effrayant de 7,300, qui tous cependant y trouvaient à vivre. Les barbiers ne sont jamais qu'ambulants; ils portent sur le dos leur boutique, qui se compose d'un tabouret à tiroirs, d'une espèce de baquet, d'un fourneau et d'un bassin. Chaque citoyen a sa toilette faite en plein air et à la vue du public. Je suppose, quoique je ne l'aie trouvé nulle part, qu'on a le droit de faire entrer chez soi le barbier lorsqu'on le désire; mais le plus grand nombre fait sa toilette en public.

Ces barbiers ont la singulière coutume de magnétiser leur pratique pour lui abréger la longueur de l'opération. Ils l'assoupissent en quelques minutes par une légère friction le long du cou et derrière les oreilles. Lorsque tous les poils du menton et de la partie inférieure du crâne ont été minutieusement enlevés, lorsque la queue a été peignée et nattée, que la toilette des oreilles et des yeux est complétée, et que les ongles ont été rognés, le barbier éveille doucement sa pratique, qui paie et s'en va. Ce qui semblerait merveilleux aux confrères européens, qui sont les nouvellistes de leurs localités, c'est qu'en Chine le tout s'accomplit dans le plus parfait silence.

Les devins, les tireurs d'horoscopes, sont dans dans ce pays-là des hommes ayant quelque teinture des lettres et des manières polies qui, là comme ici, augmentent la confiance du peuple. Ils sont aussi charlatans que ceux des autres pays, mais ils le cachent mieux.

Avant dix heures, chaque matin, les devins se placent à leur table, sur laquelle se trouve une planche métallique et tout ce qu'il faut pour écrire. Autour d'eux sont rangés quelques volumes qui contiennent les principes de leur art, un vase de bois rempli de petits rouleaux de papier, et un faisceau de baguettes de bambou portant chacune une inscription. Ces aruspices modernes sont à peine installés qu'un cercle de spectateurs se forme, d'où se détachent toujours quelques gens curieux de connaître ce que l'avenir leur réserve. Ayant déposé quelques menues monnaies devant ce sorcier, la personne qui veut l'interroger tire un rouleau de papier, puis un morceau de bambou, et les lui présente pour qu'il les examine, qu'il les copie sur sa tablette et y travaille dessus d'après les règles établies. Le résultat de ses calculs amène une série de sentences ambiguës, énigmatiques, qui requièrent les interprétations de l'habile homme ; mais il n'affecte aucun mystère et prétend n'être point d'une nature plus privilégiée que ceux qui le regardent faire. Quelquefois il s'adresse à eux et les prend à témoins; mais toujours il semble joyeux d'annoncer un favorable augure, et soigneux d'adoucir celui qui ne l'est pas.

Les échoppes des devins se distinguent des autres par de larges banderolles de couleur éclatante, sur lesquelles se lit : *Explication des mystères de l'eau et du vent.*

CHAPITRE XIII.

GUERRE ET MARINE.

En Chine, comme en Europe, une grande armée ne sert qu'à la politique; elle donne de l'occupation et des emplois, elle est un épouvantail aux caprices et aux violences des autres gouvernements, elle maintient la tranquillité intérieure. Quoique d'humeur paisible, quelquefois le peuple chinois se révolte. Il faut se convaincre que l'homme a été créé pour la liberté et l'indépendance : l'état social étant un esclavage continuel, la force est indispensable et nécessaire pour l'y contenir.

Depuis l'invasion des Tartares, les Chinois n'ont eu d'autre guerre étrangère que celle qu'ils viennent de soutenir contre les Anglais, et où la marine et les forts ont eu le plus de part. Pendant une durée de plus de deux cents ans, les vaisseaux chinois n'avaient été employés qu'au commerce et à la surveillance des mers de l'est et du sud, qui abondent en pirates.

L'armée permanente du Céleste-Empire se compose d'environ 700 mille hommes, dont 100 mille sont Tartares, comme la plupart des officiers, dont le nombre monte à 20 mille. Elle se recrute par un moyen qu'on peut assimiler à notre conscription, et qui varie, selon les besoins, d'un à trois pour cent, mais qui ne va jamais au delà. Le service est temporaire de six à neuf ans.

Loin de redouter leur enrôlement, les jeunes gens chinois le désirent comme un événement heureux. Les soldats sont casernés, bien nourris, bien logés, bien vêtus et bien payés, de sorte que leur position est de beaucoup meilleure que celle des artisans. Outre leur solde, les militaires chinois ont encore d'autres avantages. Comme la tranquillité du pays laisse les soldats dans une grande oisiveté, le gouvernement les cède quelquefois aux particuliers pour les employer à l'agriculture ou aux manufactures, et c'est par eux qu'on fait généralement exécuter les travaux publics : la grande muraille est en partie leur ouvrage. Pour ces corvées au dehors du service, ils reçoivent une paie indépendante de celle qui leur est allouée comme soldats. Rentrés chez eux, après leur temps de service, l'empereur leur fait remettre une somme en argent à l'époque de leur mariage, à la naissance de leurs enfants mâles, à la mort de leurs parents. Si ce sont eux qui meurent étant au service, leur famille reçoit également un présent. L'état de soldat ne peut donc déplaire qu'aux fils des familles riches, qui sans doute sont admis à se faire remplacer.

L'uniforme de l'armée consiste en un pantalon de nankin bleu foncé, en une tunique de même étoffe, rouge, avec les parements blancs, et en un bonnet soit de cuir, de bambou vernissé, ou plus communément de toile de coton bien piquée. Quelle qu'en soit la matière, cette coiffure est toujours de forme pointue, et capable de défendre la tête des coups de sabre.

Les armes des soldats sont plus variées que chez nous : ils ont le fusil, la baïonnette, le sabre, la lance, la hallebarde, la pique, le poignard; l'arc et les flèches sont conservés dans quelques régiments tartares, qui les préfèrent beaucoup au fusil, qu'ils croient moins sûr. Cet arc est fait en bois élastique renforcé de deux cornes; il est garni d'une corde de soie fortement tendue. Il pèse quelquefois jusqu'à 15 kilogrammes. Les officiers des archers attachent la plus grande importance à l'anneau placé dans la culasse, et qui sert de point d'appui au pouce pour bander l'arc; il doit être précieux, comme la poignée de nos épées; quelquefois il coûte jusqu'à mille francs. Les flèches sont garnies de plumes, et, à l'extrémité opposée, d'une pointe d'acier qui ressemble à un fer de lance.

Les armes défensives sont le casque, le bouclier

en cuivre et une espèce de camisole piquée dont chaque point est arrêté par un bouton de métal. Ce vêtement est lourd et incommode. Chefs ou soldats, fantassins, cavaliers ou marins, tous les militaires se distinguent des bourgeois par la chaussure pointue, aussi bien que par le reste du costume. A quelque classe qu'il appartient, un employé civil n'oserait altérer la forme carrée de ses souliers ou de ses bottes, de crainte d'exciter le ressentiment de l'armée, qui, du reste, est moins estimée en ce pays qu'ailleurs, probablement à cause de l'inaction belliqueuse où elle est continuellement entretenue.

Quoique les Chinois donnent souvent à leurs généraux les noms terribles des animaux les plus féroces, tels que le lion, le tigre, l'ours et le léopard, que ces généraux adoptent une coiffure qui puisse avoir quelque rapport avec leur ambitieuse dénomination et qu'ils la fassent prendre aux régiments qu'ils commandent, ils n'en sont pas moins tous ensemble de pauvres guerriers. Les Tartares, dont se compose la cavalerie et parmi lesquels se choisissent presque tous les chefs, sont actifs, courageux, et savent se tenir à cheval, mais ils n'ont pas plus de discipline ni de tactique que les Chinois, qui sont plus lents, plus pacifiques et plus faibles.

C'est un peuple que l'aversion des étrangers et des choses du dehors a conduit au même résultat que les anciens Égyptiens; nation calme et heureuse chez elle, tant qu'on ne l'y vient point troubler, mais soumise aussitôt qu'on l'attaque. Nous ririons à l'idée de donner à nos soldats le parasol et l'éventail; c'est pourtant dans cet équipage tout féminin que Tartares et Chinois se mettent en campagne. Ils y ajoutent la pipe et le sac à tabac pour plus de confort, et la lanterne inséparable, que la déroute la plus complète ne leur fait point abandonner. C'est ainsi que, dans quelques fuites nocturnes, ils divertirent les soldats anglais, qui trouvaient très plaisant cette manière d'éclairer une retraite, ainsi que le mot *valeur* brodé sur le dos de leurs tuniques comme il l'est sur leur poitrine, et qu'en semblable circonstance il eût certainement été mieux de laisser dans l'obscurité.

Le Chinois n'est pas guerrier, il n'a pas l'esprit militaire; à mon avis, c'est le système patriarcal, c'est l'esprit de famille, qui l'attache à la conservation de la vie. De ce système vient la vie sédentaire, laborieuse, méthodique, uniforme des Chinois, qui s'oppose à l'oisiveté vagabonde et aventureuse du soldat.

Les exercices militaires consistent en marches désordonnées, accompagnées de grand bruit, et en simulacres de batailles. Le fusil est chargé à volonté, et les soldats ne tiennent pas à exécuter ensemble leurs mouvements d'armes, ni au commandement; chacun s'en sert comme il le croit plus utile. La poignée du sabre est derrière le dos, de sorte qu'on le tire sans que l'adversaire s'en aperçoive. Chaque homme a deux sabres, l'un qui attaque et l'autre qui défend : c'est l'enfance de l'art.

La science de l'artilleur est bien en retard. Les Chinois ne connaissent ni la bombe, ni l'obus, ni la grenade; ils ne font usage que de fusées à la Congrève, parce qu'elles ressemblent à un feu d'artifice, dans lequel les Chinois excellent. Les affûts des canons sont fixes, de manière que leur artillerie rend bien peu de services, soit par terre, soit par mer. En 1844, les vaisseaux anglais entrèrent dans le canal de Bocca-Tigris, défendu par des forts hérissés de canons, après avoir essuyé tout le feu de l'artillerie chinoise et sans que leur escadre en souffrît le moindre dommage. Mais, après cette terrible leçon, il est à croire que les Chinois chercheront à se perfectionner dans la science de l'artilleur. Sauf l'immobilité des affûts, le défaut de l'artillerie chinoise semble être plus dans la manière de faire fonctionner les canons et de les charger que dans la fabrication de cette arme. J'en ai vu à Londres un qui avait été pris par les Anglais, et je l'ai trouvé peu différent des nôtres. Il portait le nom de l'ingénieur et du fondeur, la date de sa fabrication, qui était la huitième lune de la quatorzième année du règne de Kang-hi. Il portait de plus le nom de la ville où il devait être placé, et son poids, qui était de 500 *catties*.

La poudre à canon est appelée en chinois *ho-yo*, qui, traduit en français, signifie *drogue à feu*; nom mieux approprié que le nôtre, car la poudre sert aussi à la chasse, aux feux d'artifice, aux mines, etc.... Quoique les ingrédients qui composent cet article soient chez les Chinois à peu près dans les mêmes proportions que parmi nous, il est certain que notre poudre est de beaucoup supérieure à la leur; cette différence ne peut être attribuée qu'au mélange, ou à l'infériorité des matières.

Les Chinois ont deux qualités de poudre : l'une pour l'intérieur des armes, qui laisse plus de fumée et une forte odeur de soufre; l'autre, plus fine, pour les bassinets. Les mèches à canons sont faites des filaments du chardon mêlés de nitre. Ce principal ingrédient de la poudre, qui est si commun en Chine, y est prohibé comme article de commerce, de même que le soufre, et par conséquent la poudre. La même prohibition pèse sur les armes et tout ce qui appartient à la guerre, et c'est le gouvernement seul qui en est marchand. Si pareille mesure était établie parmi nous, le ministère anglais se trouverait souvent dans l'embarras, car il ne pourrait plus fournir les armes et les munitions de guerre qui maintenant sont répandues par sa politique, et dont il rejette la faute sur la liberté du commerce, qu'il ne saurait entraver.

Pour revenir aux troupes chinoises, disons qu'il y en a toujours bon nombre dans les villes principales de l'empire, où elles sont tenues à la disposition du mandarin civil. Ces troupes, qui se divisent en artilleurs, cavaliers et fantassins, sont passées en revue par leurs généraux à des époques fixes. Elles arrivent de nuit au lieu désigné, où chaque régiment, à la place qu'il doit occuper, trouve une lanterne allumée, portant son nom et son numéro. Derrière la ligne de cette milice, il y a des tentes où sont déposés les canons, qu'on a couverts de nattes, ainsi que les fusils, qui sont tous rouillés. Chaque soldat prend un fusil au hasard, et, le jour paru, les lanternes sont descendues, éteintes; la revue commence par une salve d'artillerie.

Les généraux se font porter en palanquin au milieu des rangs; les mandarins subalternes les suivent à pied. Les évolutions se font en criant, à la manière des Indiens, ce qui occasionne un grand bruit. Après l'examen des armes et des uniformes, la revue se termine par la répétition de quelques exercices, dont celui du fusil n'est pas le plus brillant. Cette arme est chez les Chinois d'une construction si imparfaite, et d'ailleurs elle est si mal entretenue, que, dans leurs exercices, les soldats sont forcés de tirer en l'air, afin de ne blesser personne.

Les fusils chinois n'ont pas de briquets, et l'on met le feu à la poudre sur le bassinet en l'allumant avec la mèche, comme les Arabes. Les fusils chinois n'ont pas de baguettes, et c'est le poids du plomb qui doit faire descendre la cartouche. Il ne faut donc pas s'étonner que l'armée regrette son arc et ses flèches, autrefois d'un usage général. La cavalerie défile au galop, sans ordre et débandée; tandis qu'une foule de cors, de tam-tams et de chalumeaux, dont les régiments sont toujours accompagnés, achèvent de rendre on ne peut plus bruyante cette clôture de la cérémonie. Il ne manque là que le tambour; cet instrument est exclusivement réservé aux temples, comme chez nous les cloches.

Après la revue, les canons se replacent sous les tentes, ainsi que les fusils, que les soldats ne conservent jamais avec eux et qui leur seraient d'une fatigue inutile. Ce n'est donc point par la présentation de cette arme qu'ils rendent honneur aux grands et à leurs officiers, mais en s'agenouillant quand ils passent, usage humiliant et qui prouve la dégradation de l'esprit militaire.

La garde impériale est divisée en huit drapeaux ou *pa-ke*, dont chacun a dix mille soldats; chaque drapeau est différent et composé de deux couleurs. Depuis la seconde invasion, l'empereur admet bien peu de Chinois au nombre de ses gardes, qui sont presque tous Tartares. C'est là que l'on peut trouver ce qu'on appelle ses grognards, comme du temps de la garde de l'empereur Napoléon. Ce privilége accordé aux anciens vainqueurs, cette distinction des deux peuples entretient l'antipathie entre eux, antipathie que motive puissamment l'opposition de leurs caractères et de leurs manières. Les Tartares, comme nous avons déjà dit, sont grossiers et durs, mais francs; ils ont un physique moins délicat et des manières plus simples. Les Chinois, au contraire, ont une apparence trompeuse : toujours humbles et cérémonieux, mais incertains, ambigus et dissimulés; comme tous les êtres faibles et craintifs, ils obtiennent par la ruse ce qu'ils n'osent arracher par la force.

Outre l'armée et la garde impériale, les Chinois ont encore une milice qui ne prend les armes que dans les cas de besoin; c'est une espèce de garde nationale, payée et habillée, mais seulement lorsqu'elle est mise en réquisition. Elle est, dit-on, forte de près de deux millions d'hommes.

La marine impériale est en Chine bien peu de chose en comparaison de la navigation intérieure; comme nous en avons déjà fait l'observation, elle n'a jusqu'ici eu d'autre but que la protection du commerce. Ses vaisseaux sont d'une construction tout à fait différente des nôtres, et dont seuls les bâtiments hollandais qui naviguent dans nos mers peuvent nous donner une idée. La proue et la poupe, par leur élévation, leur donnent quelque ressemblance avec un croissant. Ils sont lents, très lourds et n'obéissent pas aux manœuvres; mais ils sont solides et résistent à la mer. Ils sont divisés en compartiments imperméables; les voies d'eau n'en peuvent jamais endommager qu'une seule partie. C'est au Japon que les Chinois en ont emprunté la forme et le nom de *juncks*, en français jonques. Ils disent que le premier modèle a été fourni à leurs voisins par un monstre marin. C'est pour cette raison que les *junks* ont deux yeux, une bouche et des dents, peints ou sculptés à la proue, et une queue de poisson à la poupe.

Sur ses vaisseaux, le gouvernail occupe beaucoup de place, et les mâts sont dentelés, ce qui les rend plus faciles à l'ascension et moins dangereux dans les gros temps. Les voiles vont en diminuant par le bas au lieu d'être repliées du haut, et les ancres sont de fer ou de bois de fer. Les junks des mandarins ont, comme nos anciennes galères, les rames en dehors, qui, lorsqu'elles ne sont pas garnies d'hommes, se replient à leurs flancs en guise de nageoires de poisson. Les canons de toute la marine impériale sont couverts de draps de soie, garnis de franges d'or.

A bord de chaque junk se trouve un *loo*, avec

lequel se transmettent les ordres et qui remplace la trompe marine. C'est un instrument de cuivre, espèce de *tam-tam*, sur lequel on frappe avec un maillet de bois.

Tous les militaires, soit de l'armée de terre ou de mer, sont sujets à la punition corporelle et la reçoivent très souvent; la cangue ou pilori mobile ni la bastonnade ne sont point épargnées aux officiers même des grades les plus élevés. Etrange méthode de perfectionner et de stimuler l'esprit guerrier.

Les mers de la Chine sont, comme l'Océan, tourmentées par les moussons, qui, durant six mois, y soufflent régulièrement du nord au midi, et les six autres mois du midi au nord. La marine du gouvernement n'y est pas seule exposée, car, comme nous l'avons déjà dit, les pirates sont très nombreux en ces parages, et les contrebandiers ne le sont guère moins. On voit, presque à chaque page, que notre Montaigne ne se trompait pas quand il disait que les hommes sont toujours et partout les mêmes. Les uns et les autres montent des bâtiments construits sur le modèle des vaisseaux de guerre, dont ils ne se distinguent que par un plus grand nombre de rames, d'où leur est venu le surnom de bêtes aux cent pieds.

Vers l'an 1500 de notre ère, les pirates du Japon et de la Corée commirent de fréquentes déprédations sur les côtes de la Chine, qu'ils troublèrent et désolèrent de leurs incursions pendant vingt ans, jusqu'à l'avénement au trône de *Ken-tsing*, en 1520. Dans ce temps, la marine fit quelques progrès; mais depuis elle est restée stationnaire, résultat dû au peu d'encouragement qu'elle reçoit du gouvernement.

Le lecteur sait déjà que tous les marins, militaires ou marchands, adorent *Tien-how*, la reine des cieux, pour laquelle ils ont un autel sur chacun de leurs bâtiments. Un matelot de la suite de lord Amherst, ayant été laissé en arrière pour cause de maladie, raconta que, traversant le canal de Chakho sur un junk par un mauvais temps, on sacrifia un coq à la divinité de la rivière. Le fils du capitaine, revêtu d'une simarre, remplit les fonctions de grand-prêtre et fit les aspersions d'usage, après quoi le coq fut rôti et mangé avec dévotion.

Les vaisseaux marchands portent leur nom écrit à la proue ainsi qu'à la poupe et quelquefois des sentences relatives à la vie toute hasardeuse des marins. Les pilotes sont presque tous des Portugais de Macao, car les Chinois n'ont ni cartes marines, ni instruments, excepté la boussole et le sablier. Le plus fort tonnage des junks n'excède pas 500 tonneaux.

Mais la navigation extérieure, de quelque genre qu'elle soit, languit comme tout ce qui peut mettre le peuple en rapport avec les autres nations, tandis que celle de l'intérieur est dans l'état le plus florissant. Les fleuves de la Chine étonnent l'œil par leur animation, qui surpasse celles des rues les plus populeuses des grandes cités. La rivière de Canton a toujours en mouvement dix mille junks. Il y a en a de très légers, montés par des contrebandiers, d'autres par les douaniers. L'élégance des barques, leurs tentes, leurs rideaux, les lanternes et les voiles, en bambou colorié, les brillantes peintures et les riches sculptures, forment, avec le costume varié des rameurs, un aspect ravissant. La nuit surtout, c'est un vrai spectacle que ces milliers de junks éclairés de lanternes de couleurs différentes, et rangés sur des alignements qui, de loin, les font ressembler à une ville qui a des rues illuminées. Les petits canaux ou bateaux de transport des passagers, comme nous avons déjà dit à l'article des femmes, sont montés par de jolies filles, très élégantes, et d'un aspect tout à fait galant.

Outre ces bateaux qui sillonnent les fleuves et les lacs de la Chine dans un but de gain ou de plaisir, il y en a d'autres appelés *san-pan*, ou trois planches, constamment amarrés au rivage, et habités par cette population nombreuse et opprimée dont nous avons parlé, qui n'a point d'autres demeures. Ces barques, ou plutôt ces radeaux, ont des cabanes et des jardins où vivent la famille et ses ani maux domestiques. Les habitants de la rivière sont tous pêcheurs, leur nourriture principale consistant en poissons et en canards; ceux-ci sont en grand nombre. Les habitants de ces radeaux vont rarement à terre, où ils sont considérés comme étrangers, et où ils ne jouissent point des droits des autres sujets du Céleste-Empire. Le gouvernement chinois, partageant ou favorisant d'anciennes superstitions, regarde ces malheureux comme d'origine étrangère, et, pour cette raison, il les tolère seulement.

CHAPITRE XIV.

INSTRUCTION ET SCIENCES.

Un peuple calme, méditatif, ennemi de la guerre, est toujours propre aux sciences, et quand nous le voyons à cet égard en arrière des autres nations, il faut en chercher l'explication dans les vices de son gouvernement. C'est en effet le despotisme qui arrête en Chine le progrès des lumières et comprime l'élan du génie. Les empereurs, voulant se conserver absolus, ont interdit toutes communications entre leurs sujets et les étrangers, dont ils redoutaient les idées d'indépendance. Chefs du gouvernement et de la religion, ils le sont encore de l'instruction, qu'ils dirigent avec une entière suprématie. Leur but n'étant point d'agrandir le cercle des connaissances humaines, mais seulement d'éclairer le peuple sur ses devoirs, dans les écoles on n'apprend que les choses qu'ils ont jugées nécessaires;

toute innovation est proscrite, et chacun doit s'arrêter, dans ses recherches, là où s'arrêtaient ses devanciers. Ainsi dominé par les opinions d'un seul homme et contraint de s'y soumettre, le peuple chinois, l'un des plus anciennement civilisés, a tourné sur lui-même, tandis que le reste du globe a marché en avant. C'est parce que les autres nations se sont entr'aidées, dans leurs découvertes, qu'une première idée jaillissant à une extrémité de la terre était développée souvent loin de là. Lorsqu'il se prive de ce concours général, un peuple reste toujours dans l'ornière et conserve ses préjugés; car, isolée et concentrée en elle-même, l'intelligence de l'homme est sujette à bien des erreurs qui ne se rencontrent jamais dans la multitude: *Vox populi, vox Dei.* C'est en communiquant avec tout le monde connu, et en profitant de ses lumières, que les Romains devinrent si grands!

Si les savants chinois sont inférieurs aux nôtres, ce qui n'est pas prouvé, ils sont infiniment plus nombreux; car chez eux, excepté la classe vile et les descendants des condamnés à la peine capitale, tous peuvent être étudiants et tous le sont, parce que c'est le seul chemin aux honneurs et à la fortune. L'empire est comme une vaste université dont l'empereur est le chef.

L'instruction classique est surtout morale et politique, ce qui n'empêche pas le pays de s'honorer de quelques poëtes improvisateurs. L'histoire et la littérature nationales sont étudiées avec soin; mais les sciences qui ont pour but et pour base l'investigation des mystères de la nature sont fort négligées. Il en est de même de la chimie, de la physique et de la médecine, et même il n'y a que l'astronomie pour laquelle les Chinois paraissent avoir plus d'inclination et de disposition et qui semble avoir fait chez eux des progrès comme elle en avait fait chez les anciens Égyptiens.

Il y a des examens annuels dans les provinces, et tous les trois ans à Pé-kin. Pour être admis à ces derniers, il faut avoir étudié dans les colléges de provinces, et en être sorti avec honneur. Les examens de Pé-kin se font avec une grande solennité, et d'une manière qui semble très impartiale. Les gradués qui sortent avec succès des épreuves voulues sont appelés *ken-gin*, qui signifie docteurs, et récompensés par d'honorables distinctions. On leur donne un banquet public aux frais de la nation, et leur diplôme est placé dans la salle des ancêtres. Ils sont flattés et caressés; ils portent au bonnet le *chay-hen*, pierre blanche qui vient des Indes. Enfin ils deviennent de droit éligibles aux emplois publics, et l'empereur s'approprie leur mérite et leurs talents, pour s'en aider dans l'administration de son gouvernement. Les plus instruits obtiennent encore un honneur littéraire qui est le plus grand auquel ils puissent aspirer : ils sont créés membres du *han-lin*, collége national qui correspond à peu près à l'Institut de France.

La Chine est remplie de liseurs; la presse y est active, et le commerce des livres très lucratif. Outre les bibliothèques publiques, qui sont fort multipliés, il y a encore les bibliothèques particulières des savants. Les unes et les autres abondent en livres de morale, d'histoire et de biographie, au milieu desquels se rencontrent souvent le *Le-se-bhan*, ouvrage de médecine en quatre-vingts volumes in-4°, et quelques nouvelles qui excellent dans la peinture des mœurs nationales. Partout on y trouve les préceptes les plus purs, et l'on ne peut deviner comment des hommes qui n'ont jamais eu connaissance de la Bible ont pu imaginer une morale si sublime.

Les livres sont recouverts de nankin bleu ou de soie de même couleur; les feuillets sont doubles, la finesse et la transparence du papier ne permettant pas qu'on l'imprime des deux côtés. Le titre se lit au bas du volume et non pas sur le dos. Ces livres sont renfermés dans des meubles peu différents de ceux que nous appelons bibliothèques; ces meubles sont généralement en bois d'ébène et quelquefois très magnifiquement sculptés.

La Chine a eu aussi son siècle d'Auguste; mais ni la prose, ni la poésie, n'ont brillé des beautés et des grâces dont les ont revêtues les Grecs et les Romains. Il est remarquable que cette époque si florissante de la littérature chinoise remonte au huitième siècle, temps où l'Europe était plongée dans l'ignorance et la barbarie.

Anciennement l'instruction des militaires était fort peu de chose, mais la dynastie actuelle prend beaucoup de peine pour améliorer l'armée, et la soumet maintenant à des examens plus rigoureux : tous les chefs savent lire et écrire. Cette observation ferait sourire si l'on n'avait jamais entendu parler des difficultés de leur langue. Elle est composée de monosyllabes comme tous les idiomes primitifs, les premières paroles de l'homme n'ayant été que des cris. Elle est divisée en différents dialectes; les habitants de Canton ne comprennent pas ceux de Nan-kin.

L'alphabet chinois comprend deux cents quatorze lettres qu'on appelle *lettres-mères*, et d'où dérivent une multitude de signes secondaires, dont on porte le nombre à quatre-vingt mille. Les Chinois ont, en outre, des hiéroglyphes : par exemple, ils représentent le soleil par un point au milieu d'un cercle; le matin, par un point sur une ligne droite; la nuit, par un croissant; l'œil humain par deux cercles l'un dans l'autre.

L'alphabet du gouvernement est tout différent

de l'alphabet ordinaire, de sorte que les proclamations doivent être traduites.

Le commerce, qui a besoin de rapidité, se sert d'une écriture sténographique et de convention. Tout cela rehausse le mérite du lecteur et de l'écrivain; car, sans une vie d'études, un homme ne serait pas même capable de lire son journal couramment. Son journal! eh oui, les Chinois ont aussi leurs feuilles périodiques, mais elles sont rédigées ou censurées par le gouvernement, qui s'en sert avec habileté pour diriger les sentiments du peuple et le préserver des idées anti-monarchiques, que cherchent à répandre quelques associations secrètes.

A ce propos, je me rappelle un ouvrage qui a été traduit par le savant Amyot, et qui avait été composé par *Tsee-lee*, que la tradition fait petit-fils de Confucius. Ce livre porte le singulier titre de *Juste-Milieu*. Les chefs du parti politique qui en France porte ce nom auraient-ils trouvé là, par hasard, leur système de gouvernement?

Les lettres sont en si grande vénération à la Chine, qu'un homme ne marche jamais sur un morceau de papier imprimé ou écrit sans le ramasser et l'examiner. L'encre, le papier, l'ardoise et le pinceau, sont appelés les quatre objets précieux dont ne se sépare jamais quiconque a des prétentions au savoir. L'encre est en petits pains, telle qu'elle est envoyée en Europe; le papier nous est aussi connu; l'ardoise, qui est noire et polie, est creusée à l'un de ses angles de façon à former une petite cavité pour l'eau; et le pinceau est fort pointu.

Une étude presque aussi répandue que la littérature, c'est celle de l'astronomie, que, comme nous l'avons dit, ils ont cultivée avec plus de soin que les autres sciences. Les Chinois, qui n'ont rien emprunté aux autres peuples, ont à cet égard des notions plus justes que sur les autres connaissances humaines. D'abord ils ont reçu des temps primitifs des traditions sur les commencements de l'univers. Une de leurs annales dit même qu'il y a peut-être dix mille ans la lune n'existait pas. Ce qui est remarquable, c'est qu'ils ont trouvé seuls le nombre exact des jours de l'année solaire, les treize lunes de l'année, l'année bissextile et le cycle de dix-neuf ans. Ils ont admis les signes du zodiaque, qu'ils appellent les douze demeures du soleil, mais ils n'ont aucune idée du mouvement de la terre; ils croient, comme les Occidentaux avant Galilée et Copernic, que le soleil tourne autour d'elle. Toutes leurs connaissances astronomiques se bornent au ciel et aux astres planétaires. Il est douteux qu'ils aient observé les étoiles et sachent seulement ce que c'est que Sirius et Aldebaran. Ils sont perdus lorsqu'il s'agit d'appliquer l'astronomie à la géographie, dont ils n'ont pas la plus légère idée. Ils placent l'empire Chinois au milieu de la terre, qui, selon eux, est une surface plane dont ils ignorent les dimensions; aussi appellent-ils leur pays l'Empire du milieu. Les peuples dont ils sont entourés occupent, d'après leur système, les limites de la terre; après quoi, tout est vide et précipices. Avant les jésuites, ils ne supposaient même pas l'existence de l'Europe, et n'ont encore à présent aucune donnée sur la longitude et la latitude, ce qui les gêne beaucoup dans leur navigation. Mais nous les instruirons.... à leurs dépens.

Quoi qu'il en soit, chaque ville renferme un observatoire et se croit placée sous la protection d'une étoile ou d'une constellation particulière. Ceci nous rejetterait dans l'astrologie, dont nous nous sommes déjà occupés, et pour laquelle les Chinois n'ont pas moins de goût que de vénération.

La boussole était depuis long-temps connue en Chine, lorsque le vénitien Marco Polo l'en rapporta, dit-on, en 1301. Mais la théorie des Chinois sur la propriété de l'aimant est entièrement opposée à celle des Européens. Ils considèrent le pôle sud comme le seul qui ait le pouvoir attractif, et, pour cette raison, ils appellent la boussole *ting-man-ching*, c'est-à-dire aiguille qui montre le sud.

Leur cadran ou montre solaire est enfermé dans

une boîte sur le couvercle de laquelle est enfilé un cordon de soie qui sert de *gnomon*.

Les Chinois ne sont point encore parvenus à fabriquer les horloges ni les montres, quoiqu'elles soient d'un usage très général et qu'ils imitent adroitement celles qui leur viennent d'Europe. N'ayant pas les instruments nécessaires, ils y emploient trop de temps et ne peuvent pas les donner au prix des nôtres.

A l'exemple des Égyptiens, les Chinois divisent le jour en douze parties, de deux heures chacune; la première commence à onze heures du soir.

Les Chinois ne connaissent pas les chiffres arabes; ils écrivent leurs nombres en lettres, ce qui prend beaucoup de temps et occupe beaucoup de papier. Leurs tables de calculs, bien différentes des nôtres, consistent en un cadre de bois à compartiments traversés de petites tringles, sur lesquelles sont enfilées des boules mobiles. La première case à droite est celle des unités; la seconde, celle des dizaines; la troisième, des centaines, et ainsi de suite en augmentant de dix en dix à mesure que l'on avance à gauche. Au moyen de ce casier et de ces boules, qu'ils font jouer dessus avec la plus grande prestesse, les marchands comptent avec assez d'aisance et de rapidité.

Il y a en Chine des lanternes magiques, mais en petit nombre, vu le prix énorme auquel elles reviennent. Elles sont d'un bon travail, et les peintures en sont très soigneusement exécutées. Sur une centaine au plus qui existent dans le pays, quatre des plus grandes et des plus parfaites sont la propriété de l'empereur ; les autres appartiennent aux mandarins les plus opulents. C'est par une faveur toute particulière que M. Duun a pu s'en procurer une pour en enrichir sa collection. Les lanternes magiques sont considérées comme objets de sciences, comme études d'optique, et leur valeur ajoute à la vanité qu'on a de les posséder. Mais ce qui doit surprendre, c'est le refus que fit un empereur d'une chambre obscure qui lui était offerte par des jésuites, disant que c'était un jeu d'enfant, une chose trop légère et peu convenable à la dignité d'un souverain.

Les Chinois ne se sont jamais préoccupés de la chimie. Après avoir divisé les substances en cinq éléments et leur avoir donné à chacun une couleur qui les désigne aussi bien que leur nom véritable, ils ont cru avoir assez fait pour cette science Ces cinq éléments, en dehors desquels ils ont laissé l'air, sont :

Le feu, qui est rouge ;
L'eau, noire ;
La terre, orange ;
Le bois, vert ;
Les métaux, jaunes.

On voit qu'ils auraient grand besoin de quelques Lavoisier, de quelques Dumas et de quelques Gay-Lussac.

Chaque fondateur de dynastie observe quel est l'élément dont l'influence a protégé sa naissance, et il en adopte la couleur. La famille régnante porte celle des métaux, c'est-à-dire le jaune, ce qui en Europe serait un sujet de plaisanterie.

L'alchimie, cet art mystérieux et fantastique qui a pour but la transfusion des métaux, et qui il y a deux siècles a séduit et occupé l'Europe, a aussi été essayée en Chine; mais ici ce n'était point l'or qu'on cherchait, c'était l'argent.

Les Chinois sont assez avancés en histoire naturelle quant aux animaux et aux végétaux. Ils en ont qu'on ne voit point ailleurs, et ils manquent de plusieurs qui sont communs aux autres contrées. On pourrait dire qu'ils ont presqu'une nature vivante à part, où il y a plusieurs des espèces qu'on trouve chez nous. Leur canard mandarin, ainsi appelé à cause de sa grandeur et de la beauté de son plumage, et dont ils exaltent si fort la constance et la fidélité, est une espèce de cygne, d'une chair exquise, qui ne se trouve que là, tandis que la baleine, le lion, le singe, sont pour eux des êtres imaginaires, des chimères, ce que furent aux Péruviens les chevaux lorsque les Espagnols arrivèrent pour la première fois chez eux. Aucun souverain, même les

Anglais, si attentifs à tout, n'a encore songé à envoyer quelques uns de ces animaux en présent à l'empereur de la Chine, puisque les spéculateurs étrangers n'auraient point été admis à en montrer pour de l'argent; cependant c'eût été facile, attendu que le lion et les singes supportent très bien la mer, et que la baleine pouvait la traverser empaillée.

Les Chinois n'ont point classé leurs animaux comme nos naturalistes. Il en font cinq divisions : dans la première ils placent ceux qui ont des plumes, comme l'aigle; du poil, comme l'unicorne; qui sont nus, comme l'homme; à coquilles, comme la tortue; à écailles, comme le crocodile.

Comme exception et hors de ces cinq classes, ils ont la chauve-souris et l'écureuil-volant, les seuls oiseaux avec des ailes poilues, et le pangolin (*maris*), le seul poisson avec des jambes.

Les Chinois divisent la classe des oiseaux en quatre espèces : les oiseaux des montagnes, ceux des plaines, ceux des bois et ceux qui vivent sur l'eau.

Le charmant oiseau de paradis est assez commun chez eux, et ils ont une grande variété de faisans. La grue est entourée d'un certain prestige; ils en ont fait l'emblème de la longévité. Cet oiseau n'a pour eux rien de caché; ils étudient son vol, son cri de nuit, ses émigrations.

Les éléphants de la Chine sont très petits et ont le poil d'une couleur claire; on les a autrefois employés là à la guerre, comme le faisaient les anciens Orientaux et les Africains.

Les dromadaires à double bosse transportent les marchandises qui viennent de la Tartarie et de l'Asie occidentale; ils sont plus forts et plus rapides que les chameaux d'Afrique, et l'épaisseur de leur poil les rend plus propres à résister au froid.

Les Chinois ne s'occupent en aucune manière des races de chevaux; ils n'en ont, en général, que de petits, qui quelquefois ont la robe tachetée comme les léopards.

Les lézards sont assez communs, de même que les serpents, qui ne sont ni monstrueux ni dangereux; les crocodiles sont petits aussi. Il y a en Chine des poissons qui ne sont pas plus longs qu'une queue de cerise ni beaucoup plus gros. Les coquillages de mer sont très nombreux et très variés; il y en a plusieurs dont nous manquons.

Les Chinois ont l'art d'empailler toutes sortes d'animaux avec une habileté des plus rares; ils excellent surtout pour les poissons, à tel point que les pêcheurs pourraient s'y tromper et les croire vivants.

La science la plus utile de toutes, celle que les hommes pourraient étudier de préférence, puisqu'elle a pour but le soulagement et la conservation de leurs semblables, la médecine, est fort en retard dans la Chine. L'art de reconnaître les maladies, les pouvoir guérir, déjà si difficile aux praticiens d'Europe, qui sont tous anatomistes, devient tout à fait problématique pour les Chinois, qui n'ont aucune idée de l'organisation physique de l'homme, n'ayant jamais ouvert ni disséqué un cadavre. Cette négligence absolue sur un point si important provient d'un sentiment de respect pour les morts et de pudeur qui les éloigne de la contemplation des formes humaines. Cependant on trouve dans les bibliothèques chinoises un ouvrage qui suppose quelques connaissances anatomiques, mais l'on croit qu'il a été apporté par les missionnaires européens, et par philanthropie traduit et copié. C'est un livre à l'usage des sages-femmes, car on ne connaît pas en Chine d'accoucheurs, même dans les cas les plus graves. Ce livre est rempli de planches qui représentent les différentes positions de l'enfant et tous les périls de la grossesse. Il est peu répandu, d'autant plus que celles pour lesquelles il a été écrit savent rarement lire.

D'après tout cela, on comprendra que les chirurgiens chinois, qui sont en même temps médecins et apothicaires, ne font jamais d'amputations : toutes leurs opérations semblent se borner à celle de la cataracte et à l'inoculation de la petite vérole. C'est au moyen d'une aiguille qu'ils obtiennent depuis plusieurs siècles l'abaissement de la cataracte ;

leur mode d'inoculation est tout différent du nôtre. Après avoir fait sécher le virus et l'avoir réduit en poudre, ils l'introduisent dans les narines, sous la forme de tabac. L'inflammation commençant par le nerf optique, il en résulte bon nombre d'aveugles et de vues faibles. Et, par malheur, la petite vérole est fort commune en Chine aussi bien que toutes les autres maladies de la peau, ce qu'on doit attribuer au manque de linge et au défaut de propreté personnelle. Le sage Confucius aurait bien dû recommander les bains, sur lesquels insiste tant Mahomet, qui, peut-être dans bien des cas, était plus sage et plus perspicace que lui.

Le chirurgien anglais Pearson, attaché à la factorerie de la compagnie des Indes à Canton, vaccina en 1805 un grand nombre des habitants de cette ville, et il écrivit sur la vaccine un ouvrage qui fut traduit en chinois.

La découverte fut accueillie avec empressement, et aujourd'hui on doit à la vaccine de ne voir presque plus la petite vérole dans les grandes villes du Céleste-Empire.

La science pharmaceutique se réduit à la connaissance d'une cinquantaine d'herbes; mais, pour s'accommoder aux faiblesses de l'homme, les apothicaires en composent une multitude de drogues qui décorent avantageusement leurs boutiques, don l'enseigne est un bois de cerf.

Les médecins attachent la plus grande importance à la pulsation des artères ; ils prétendent qu'elle leur suffit à deviner non seulement toutes les maladies, mais encore la longévité, la stérilité et la fécondité des femmes, aussi bien que le sexe de l'enfant avant sa naissance. C'est la base sur laquelle ils font reposer tout l'art médical. Ils tâtent le pouls avec quatre doigts, qu'ils relèvent un à un en les promenant le long du bras comme sur un clavier de piano.

Sans anatomie, avec une chirurgie si timide et des remèdes si bornés, l'étude de la médecine est toute dans la pratique, et pour ainsi dire nulle dans la théorie. Le jeune homme qui se sent du goût pour la profession s'attache, en qualité d'apprenti, à quelque médecin en renom, qu'il accompagne dans ses visites.

La rétribution du médecin varie selon les facultés du malade. Souvent on stipule un arrangement par lequel le médecin ne doit rien réclamer s'il ne réussit pas à guérir son patient, ou s'il le laisse mourir. Si, dans ce dernier cas, on l'accuse d'avoir employé des drogues périlleuses, il doit comparaître devant un jury de médecins, assemblé par le mandarin, et chargé d'examiner l'affaire. S'il est prouvé qu'il se soit éloigné des règles établies, on estime la valeur du dommage qu'il a causé, et, comme voleur, il est puni selon la loi. S'il a occasionné la mort par accident, il lui est seulement interdit d'exercer plus long-temps la médecine ; mais, s'il y a eu mauvaise intention, il a la tête tranchée. Voyez quelle sévérité ! Mais c'est ainsi qu'on met un frein à l'empirisme des charlatans, qui sont en Chine infiniment plus nombreux qu'en toute autre contrée du globe. Cependant ces condamnations sont peu fréquentes, parce que les médecins sont prudents, et que le jury, composé de confrères, se garde bien d'user contre eux d'une trop grande rigueur.

Les médecins jouissent de peu de considération. On les appelle par suite du besoin qu'a l'homme de remédier à la souffrance et de repousser la mort. L'ignorance leur fait juger incurables une foule de maladies qui ne le sont point ailleurs. Heureusement ils ont le sentiment de leur incapacité et mettent tous leurs soins à prescrire un régime sain et régulier, disant qu'il est plus aisé de prévenir le mal que d'avoir à le guérir. Grâce à cette prudence et à cette humilité, il n'y a pas plus de malades en Chine que dans nos pays, et les hommes y vivent long-temps et peut-être plus que nous.

Le magnétisme animal, qui a tant de rapports avec le *tao-tse*, n'est pas ignoré des Chinois, non plus que la phrénologie. La configuration du crâne humain leur a semblé, comme à nous, devoir influer sur nos facultés intellectuelles et nos inclinations. Ce qui est singulier, c'est que, plaçant, de même que le docteur Gall, les signes caractéristiques sur le front de l'homme, ils les voient sur la partie postérieure du crâne de la femme.

Quelques sciences occultes, telles que la géomancie, la chiromancie et la divination, sont exercées par des imposteurs, qui savent profiter de la crédulité de leurs compatriotes. Mais les devins ont toujours fait fortune partout, aussi bien à Paris qu'à Pé-kin. Les marins, les joueurs et les trafiquants, ont en tous lieux la même vie hasardeuse qui les rend avides de consulter sur leur sort; et tous les hommes, en général, dans leurs amours, leurs voyages ou leurs héritages, voient leur destin soumis à des chances. C'est tout cela qui les fait recourir aux diseurs de bonne aventure, toujours attentifs à entretenir les illusions dont ils sont avides. Ce besoin qu'a l'homme d'être trompé corrompt même le savant véritable et le fait passer de la science à l'imposture. Si l'événement ne s'accorde pas avec la prédiction, on l'impute non á l'imperfection de l'art, mais à l'ignorance de celui qui le pratique; et ce qui devrait mettre un terme à la crédulité des dupes ne sert qu'à en augmenter le nombre.

Les Chinois croient aux charmes; ils avalent des cendres d'amulettes pour guérir certaines maladies; et toutes les mères suspendent au cou de leurs enfants une médaille d'argent sur laquelle sont gravés les mots *chang-ming-foo-kwei*, qui signifient longue vie, richesses et honneurs. Mais, chose étrange! et qui prouve combien sont tenaces les premières impressions du jeune âge, les étudiants, qui paraissent avoir cherché à s'instruire et à connaître la vérité, ne se présentent guère aux examens qu'en cachant dans leurs manches un livre qui leur sert de talisman. Ce livre, de très petit format, et qui n'est jamais consulté, est rempli de sages sentences qu'on suppose devoir renvoyer les mauvais esprits.

Par une contradiction inexplicable, le peuple chinois croit au fatalisme, qui est le renversement de ses autres erreurs.

Entre autres superstitions plus ou moins curieuses, j'en ai surtout remarqué deux qui m'ont paru surpasser tout le reste en extravagance; je veux parler d'abord de la croyance où ils sont que le fiel d'un homme de courage, conservé et administré par petites doses aux poltrons, peut en faire des gens de cœur. C'est ainsi qu'un chef de conjuration, qui avait donné des preuves incontestables de bravoure, ayant été mis à mort, le bourreau fit sa fortune en lui retirant du corps le fiel, qu'il vendit goutte à goutte à un prix très élevé.

Mais la seconde superstition vient d'une ignorance à qui tout cède; elle a rapport aux éclipses, que leurs singulières notions de la forme et du mouvement de la terre doivent en effet leur rendre incompréhensibles. Les Chinois croient qu'elles sont dues à l'influence maligne et venimeuse d'un monstrueux crapaud qui menace d'engloutir l'astre éclipsé. La pâleur de l'astre est considérée comme une défaillance. Le *Li-pou* est un magistrat qui surveille les mesures de police et de religion que ces circonstances nécessitent. Pour distraire le peuple de son épouvante et lui persuader que le gouvernement s'occupe de la délivrance de l'astre bienfaisant, on tire le canon, on fait résonner le *tamtam*, parce que le bruit doit mettre en fuite le crapaud.

L'empereur n'entreprend jamais un voyage après une éclipse que lorsque quelques mois sont passés. Il feint de prendre cet événement comme une calamité publique, infligée par la Providence en punition de quelque désordre, et il invite ses sujets à lui donner librement leur avis. Découlant de cette source auguste et presque divine, l'erreur s'enracine de plus en plus chez le peuple, qui se ferait scrupule de douter d'une chose que croit son souverain. C'est ainsi que l'absolutisme de son gouvernement l'a toujours tenu en arrière. Mais ce respect inculqué dans l'enfance pour tout ce qu'ont fait les ancêtres a été un bien autre obstacle à leurs progrès, car il a opéré sur les empereurs aussi puissamment que sur le peuple. Chacun se dit :

Mon père, mon grand-père croyaient ceci, agissaient comme cela; c'étaient des hommes sages, instruits, qui ne pouvaient se tromper : je dois suivre ce qu'ils m'ont appris. Voilà le secret de l'ignorance des Chinois; voilà pourquoi leurs manufactures de porcelaine, de soieries brodées et peintes, qui excitaient l'admiration des Européens, ne peuvent plus soutenir la concurrence. C'est qu'un peuple ne laisse pas dormir son imagination pendant des siècles sans en recueillir les tristes fruits. Tant qu'ils se sont bornés au commerce de l'intérieur, les Chinois n'ont point souffert de leur infériorité; mais un nouvel avenir s'ouvre pour eux, et pourra les désillusionner sur leur insouciance passée.

CHAPITRE XV.

LES JÉSUITES EN CHINE.

D'après mes recherches et les renseignements qu'elles m'ont procurés, le père Carpini fut le premier missionnaire catholique qui aborda en Chine en 1246. Envoyé par le pape Innocent IV et le roi saint Louis de France; quoique ces grands personnages fussent inconnus dans cet empire, il fut reçu avec bonté. Cependant l'empereur ne permit pas qu'il entrât dans l'intérieur du pays, ce qui était l'essentiel. Il ne fut pas persécuté, mais renvoyé. Un autre missionnaire, dont je n'ai pu découvrir le nom, fit un nouvel essai en 1253, sans être plus heureux que son prédécesseur. Ce fut seulement en 1260 que Nicoló et Matteo Polo, Vénitiens, et oncles du fameux Marco Polo, purent pénétrer jusqu'à la cour du conquérant Coblaï-kan, qui les accueillit très poliment.

Après eux, l'an 1280, le père Corvino reçut la permission d'aller jusqu'à Pé-kin, et d'y élever une église, dans laquelle il baptisa des milliers de Chinois. Il ne faut pas trop s'étonner de la facilité avec laquelle les missionnaires purent propager le christianisme; c'est qu'en Chine il n'y a point de religion de l'état. On y voit des mahométans, des boudhistes, des sectaires de Foo et de Confucius. La religion des savants, des mandarins, comme nous avons déjà vu, est différente de celle du peuple; ou, pour mieux dire, les mandarins n'ont point de culte, ils sont philosophes et rien de plus. Toutes les sectes qui favorisent le bon ordre, la tranquillité et le bonheur du peuple, sont bonnes pour le gouvernement chinois, qui n'est religieux que par politique.

Les jésuites qui ont écrit sur la Chine nous ont fait des rapports très souvent erronés; mais songeons qu'ils écrivaient à une époque moins éclairée que la nôtre, et que ces hommes étaient tout remplis de leur saint ministère, tout exaltés de la facilité avec laquelle ils avaient fait des conversions, ainsi que du respect dont ils voyaient entourés le souverain et les chefs des familles.

D'après ces mêmes raisons, les jésuites avaient donné aux Chinois des idées fausses de l'Europe, faisant un tableau très favorable de l'Italie, de la France, de l'Espagne et du Portugal, tandis qu'ils peignaient des couleurs les plus sombres et les plus mensongères les Allemands et les Anglais, uniquement parce que ces deux peuples n'étaient pas restés catholiques.

Les jésuites avaient d'abord pénétré dans le royaume de Tonquin et dans la Cochinchine, où ils avaient fait bon nombre de néophytes. De là ils passèrent au Japon et en Chine, où, malgré la tolérance religieuse des mandarins, ils furent soumis à une surveillance active et parfois exposés à la persécution. C'est qu'on s'apercevait que, loin de se borner à la conversion des âmes, les jésuites, qui auraient dû se tenir si heureux de l'estime et de l'indépendance dont ils jouissaient en Chine, visaient encore plus haut. Ils faisaient, dit-on, une cour assidue, effrontée même, aux eunuques du palais impérial, très puissants, et on les trouvait toujours mêlés aux intrigues qui se formaient en cet endroit.

En 1582 le jésuite Ricci obtint de l'empereur Ching-tsong de demeurer à Pé-kin; ce souverain lui donna une maison en toute propriété, comme témoignage de reconnaissance. Ricci lui avait offert en cadeau une horloge et divers instruments de mathématiques. Il passa vingt-huit ans en Chine.

L'an 1653 le jésuite Adam Schall de Cologne fut reçu à la cour de l'empereur Kang-ki. Ce prince le nomma président du tribunal des mathématiques, qui jusque-là avait été dirigé par des astronomes persans.

Le jésuite Grimaldi, par ses connaissances et ses talents, remplaça Schall à Pé-kin, de sorte que, lorsqu'il y fut rejoint, en 1697, par son ami le père Carreri, il fut le présenter au savant empereur, sous le règne duquel la puissance des jésuites prit un grand accroissement.

Grimaldi et Carreri prétendent avoir trouvé, dans la bibliothèque impériale de Pékin, un document prouvant que dès l'an 635 de notre ère, sous l'empereur Tay-tsoung, le christianisme avait été prêché en Chine.

En 1705 l'empereur Kang-ki, qui faisait grand cas des connaissances astronomiques des jésuites, avait toléré la prédication de leur religion, et fermé les yeux sur leurs dissensions scandaleuses : elles allèrent cependant jusqu'à troubler la tranquillité de l'empire. Les franciscains et les dominicains accusaient les jésuites d'autoriser l'idolâtrie, en permettant aux néophytes d'accomplir les cérémonies accoutumées aux tombeaux de leurs ancêtres et dans les lieux consacrés à la mémoire de Confucius.

On sait que les jésuites unissent à leur science une adroite politique : ils voulaient faire des prosélytes et sentaient qu'ils avaient besoin de prudence. Le fameux Talleyrand disait que la théologie et la diplomatie sont deux sciences appuyées sur les mêmes principes. Cet homme, qui les connaissait si bien par l'étude et par la pratique, pouvait en décider en maître, et ses opinions sont de quelque poids.

Sous l'influence des pères Grimaldi et Carreri, Kang-ki ne dédaigna pas d'entrer en explications avec le légat du pape Clément XI, monseigneur Mezza-Barba, envoyé à Pé-kin pour étouffer ces querelles. Le cardinal de Tournon, prédécesseur de Mezza-Barba était mort à Macao.

Il faut savoir que le pape, excité par la plupart des cours de l'Europe, voulait s'opposer à l'agrandissement, dans l'Orient, du Portugal et de l'Espagne, à qui le commerce des Manilles donnait une très grande prépondérance aux Indes et dans les mers de la Chine. Rome envoyait des jésuites, le Portugal et l'Espagne des franciscains et des dominicains : c'est ainsi que la religion a toujours été le prétexte des intérêts matériels et mondains. On donna un motif religieux à la conquête du Mexique, et le ministre protestant Pritchard prêche maintenant le christianisme aux îles Marquises dans le même but et pour les intérêts de l'Angleterre.

Revenons à la Chine. Le gouvernement prit enfin de l'inquiétude, et la religion chrétienne fut décriée. Les mandarins la méprisaient, d'abord comme nous avons indiqué, à cause du mélange des deux sexes dans les églises, et ensuite par l'aversion qu'ils ont pour les fêtes et les cérémonies, qui détournent, disent-ils, le peuple de ses occupations et du travail.

On est étonné que des hommes instruits, comme le sont les jésuites, n'aient jamais donné à la république des lettres une histoire exacte et consciencieuse de la Chine. Voici ce qu'à ce propos m'a dit un Anglais, récemment arrivé de ce pays :

« Tout le monde sait que la propagande de Rome fait élever douze Chinois, qui, après leurs études, doivent retourner dans leur patrie en qualité de missionnaires apostoliques jésuites, et qu'ils sont remplacés par d'autres disciples. Mais ce goût pour la littérature du pays où l'on a reçu le jour, ce désir, si commun aux savants, de chercher et de faire connaître les écrits rares, et l'ambition plus noble encore d'étendre les connaissances humaines, tout cela était étouffé chez les jésuites par la crainte de trop éclairer les esprits, et la persuasion que la Providence les destine uniquement à arracher le plus d'âmes qu'il leur est possible à la fausse croyance. Ce même Anglais ajoutait qu'un élève de la propagande avait dernièrement refusé de traduire un ouvrage chinois, parce qu'il traitait d'une idole de la religion de Foo.

« Si Amiot et les missionnaires français, me dit-il, avaient eu le même scrupule, nous ignorerions encore presque tout ce qui concerne la Chine. Les jésuites sont instruits, mais ils ont pour système de garder la science pour eux, et de ne la répandre au dehors qu'à très petite dose, et seulement dans des circonstances favorables à leurs intérêts.

Les missionnaires de la propagande s'occupaient en Chine à retirer de l'eau les enfants qui, par le hasard et la quantité de monde qui vit sur l'eau, s'y noyaient, parce qu'à partir de ce moment ces petits êtres appartenaient à leurs libérateurs, qui exerçaient sur eux despotiquement l'autorité paternelle. Il va sans dire que le premier acte de cette autorité était d'abord le baptême, puis l'éducation catholique. Cette espèce de disciples leur était d'un grand secours pour la conversion de leurs compatriotes. Ceci doit s'entendre des classes pauvres, qu'ils gagnaient encore par leurs largesses et leurs aumônes, car les missionnaires ont eu peu de néophytes parmi les gens des classes élevées.

En 1793, l'ambassade de lord Macartney trouva un missionnaire portugais qui avait été nommé évêque de Pé-kin par le pape Pie VI.

Les capitaines qui ont parcouru les mers de la Chine ont admiré la science et l'exactitude des cartes géographiques dressées par les jésuites. Nos savants ne font pas le même cas des notices qu'ils nous ont données sur tout autre matière. Les jésuites, disent-ils, ne se dépouillent jamais de l'influence de leur éducation, et ne peuvent considérer les choses avec ce coup d'œil supérieur du philosophe; d'ailleurs, ils ont même contribué à retarder le progrès des lumières chez les Chinois. Enthousiasmés de l'esprit de soumission qu'ils rencontrèrent en Chine, ils en tracèrent des tableaux si favorables que le despotisme s'en est fait une gloire. Le père Chavagnac dit à ce propos : « Les Chinois conçoivent lentement, et sont ennemis de la précipitation; ils n'aiment que l'or et ne craignent que l'empereur. La circonspection et la lenteur les a fait rester en arrière des autres peuples, qui ne leur ont point causé d'émulation : l'amour de l'or les a rendus industrieux et marchands, la crainte de l'empereur esclaves et superstitieux. »

La puissance des jésuites sous l'empereur Kang-ki s'explique très-bien : ils lui rendaient des services qu'il ne pouvait attendre des autres savants de son empire. En 1688, la Russie envoya en Chine des ambassadeurs pour régler les limites des deux états. Personne n'entendait la langue russe, que deux jésuites qui accompagnèrent les mandarins, et leur servirent d'interprètes.

En 1692, le jésuite Verbiest initia Kang-ki aux sciences exactes, qui, à la Chine, étaient encore dans l'enfance.

En 1696, Kang-ki, forcé de marcher contre Kalda, qui, à la tête d'un redoutable parti, avait fait insurger plusieurs provinces de l'empire, fit suivre son quartier-général par deux jésuites. En Orient, c'est la coutume de faire accompagner l'armée par des savants ou mages qui prennent les plans, lèvent les cartes typographiques, consultent le baromètre et dirigent l'artillerie. Les sujets chinois étaient incapables de rendre tous ces services à leur souverain.

Sous Kang-ki c'étaient encore les jésuites qui dirigeaient les fonderies de canons, les fabriques d'armes à feu et de poudre.

Ce furent eux qui sauvèrent l'empereur d'une fièvre pernicieuse au moyen du quinquina (cortes peruviana), alors inconnu à la Chine. Kang-ki avait été condamné par tous les médecins de sa cour. Il n'est donc pas extraordinaire qu'il ait accordé toute sa faveur à des gens qui lui étaient d'un si grand secours.

En 1722, à la mort de Kang-ki, le jésuite portugais Moram se mêla aux intrigues de la cour, pour faire monter sur le trône son successeur Yong-tching. L'année suivante, le nouvel empereur leur marqua sa reconnaissance en les chassant tous de la Chine.

Le peuple leur criait : « Allez-vous en, retour-
» nez dans votre Europe; nous ne vous y suivrons
» pas, pour imiter votre conduite ni le scandale de
» vos discussions. » Il faisait allusion à leurs disputes avec les franciscains et les dominicains.

En les congédiant, Yong-tching leur tint ce discours :

« Que diriez-vous si j'envoyais dans votre pays » une troupe de mes lamas? Lorsque le père Ricci » vint en Chine, vous étiez peu nombreux, vous » n'aviez ni temples ni disciples; mais, sous le rè- » gne de mon père, vous vous êtes répandus avec » la plus grande rapidité, vous êtes parvenus à » tromper sa bonne foi : ne comptez pas sur la nô- » tre. Vous voudriez que tous les Chinois embras- » sassent votre religion; je sais que vos institutions » vous le commandent; mais alors que devien- » drions-nous? Nous serions les esclaves de votre » roi; mon pouvoir serait alors partagé avec votre » chef.

» Vos prosélytes ne reconnaissent d'autre supré- » matie, d'autre pouvoir que le vôtre; ils n'ont » de confiance qu'en vous. En cas de troubles, ils » n'écouteraient que vos conseils, et pourraient » nous causer de grand embarras.

» Je vous permets de rester à Canton et à Macao, » tant que vous vous y tiendrez tranquilles; mais » plus de prosélytes, je n'en veux point dans mes » états.

» Mon père a beaucoup perdu dans l'opinion de nos » savants, à cause de la déférence qu'il avait pour » vous; je sais que vous lui avez rendu de grands » services, aussi n'est-ce pas comme votre ennemi

» que je vous congédie. Mais le bonheur de mes » sujets et la prospérité de l'empire m'occupent uni» quement, et je crois que vous y êtes contraires. » Je donne tout mon temps aux mandarins char» gés des affaires publiques, et je ne me permets que » rarement le bonheur de voir mes enfants et l'im» pératrice. Quand le deuil sera fini, je vous rece» vrai volontiers; j'écouterai vos conseils et vos ré» clamations. En attendant, instruisez les igno» rants de Canton; mais, encore une fois, plus de » prosélytes : car, sachez-le bien, en Chine l'em» pereur seul commande. »

Ce discours de Yong-tching est sage et rempli de raison : car autant il est utile de reconnaître la puissance de Dieu, autant il est pernicieux pour un état d'y souffrir d'autres lois que celles du gouvernement.

Le même Anglais qui m'avait parlé des jésuites et de la propagande de Rome, cet anti-papiste, m'a dit, à ce propos : « Il faut convenir que le chef du catholicisme est une puissance dans un état. Il accorde ou refuse son autorisation aux mariages, aux dispositions testamentaires, suivant ses intérêts et ses vues; il règle jusqu'à la qualité et la quantité des mets qu'on peut se permettre dans les temps de carême et de jeûne; il maintient une police, un espionnage, au moyen de la confession. C'est un pouvoir dans les états d'un autre souverain. »

En 1732, les jésuites furent définitivement bannis de la Chine, pour ne s'être pas conformés aux conditions qu'on leur avait imposées. On leur reprochait surtout d'avoir gagné et corrompu les pauvres des villes et les habitants de la campagne par leurs aumônes. Les femmes, principalement avaient été détournées par eux de leurs habitudes actives; elles perdaient, disait-on, beaucoup de temps à la prière, et, d'un autre côté, elles vivaient sans souci, comme les bêtes, attendant tout de la Providence, au lieu de s'aider elles-mêmes par leur travail.

Après que Clément XIV eut supprimé l'ordre, en 1773, quelques uns des jésuites français et portugais qui se trouvaient encore alors en Chine y restèrent et s'y marièrent. Comme c'étaient des gens instruits et d'un mérite supérieur, et que les Chinois ne considèrent point autre chose pour choisir les employés de leur gouvernement, une partie de ces jésuites fut élevée au grade de mandarin. On sait que les plus hautes charges de l'armée, de la magistrature et de l'administration civile, ne s'obtiennent qu'après de rigoureux examens, auxquels on admet tous ceux qui se présentent, sans jamais s'enquérir d'où ils viennent, ni quelle est leur famille ou leur religion.

En 1793, lord Macartney trouva de ces anciens missionnaires devenus mandarins.

CHAPITRE XVI.

POSTES, VOYAGES ET HOTELLERIES.

N'est-il pas curieux de consacrer un chapitre aux voyages, lorsque nous savons déjà qu'il n'y a en Chine ni voitures, ni chevaux de train, ni routes (car ce sont tout au plus des sentiers), et que tous les transports d'hommes ou de marchandises se font par eau? Quoique plausibles en général, ces objections ne sont point décisives. Tous les grands trajets se parcourent en bateau, et c'est de cette manière que s'opèrent même les petits voyages, quand il y a possibilité. Mais les fleuves navigables, pour être plus communs en ce pays qu'en beaucoup d'autres, ne baignent pas pour cela toutes les localités. Ils parcourent les grandes lignes; mais il faut des chemins de traverse pour pénétrer dans l'intérieur des terres, et tenir en relations entre elles les villes éloignées des eaux. C'est de cette espèce de communications que nous allons nous occuper.

Nous rappellerons ici ce que nous avons dit: l'empereur a ses routes particulièrens, uniquement affectées aux personnes et au service de la cour.

Les chemins destinés au public ne diffèrent des routes impériales qu'en ce qu'ils ne sont point garnis d'arbres comme le sont ces dernières dans toute leur longueur. Et qu'est-ce qu'il en coûterait à l'autorité pour leur donner cet agrément? Du reste, ils sont entretenus avec soin, et ils ont la même largeur. Mais il n'est pas difficile d'entretenir des chemins à peu près fréquentés exclusivement par des piétons, rarement par des animaux, et presque jamais par des voitures chargées.

Les riches et les mandarins voyagent en palanquin, et quelquefois à cheval, avec une escorte plus ou moins nombreuse et brillante, suivant leur fortune ou leur rang. Cette suite se forme des serviteurs de la maison, ou de soldats quand le voyageur est revêtu de la dignité de mandarin. Ces hommes portent pendant le jour des drapeaux, et la nuit des lanternes, sur lesquels sont inscrits le nom et les titres de leur maître ou chef. Cette coutume, qui semble être toute de vanité, est une adroite mesure de la police qui la dispense d'une partie de sa surveillance.

Mais en Chine tout le monde n'est pas nabab ou grand seigneur, et la partie plébéienne de la nation, l'humble bourgeoisie et le petit peuple, ont besoin aussi de voyager, et ils voyagent sans tout ce tapage, quelquefois à cheval, quelquefois dans des brouettes à deux roues qui contiennent au plus deux personnes, qui sont le plus souvent des femmes et des enfants. Ils opèrent lentement leur translation. Lorsque la brouette est trop chargée, il y a deux hommes, l'un qui traîne et l'autre qui pousse. Il y a encore des brouettes à deux roues, et qui ont une petite voile en bambou, qui est déployée si le vent est favorable. Quand le voyage n'est pas trop distant, grand nombre de gens préfèrent aller à pied, ce qui ne les retarde aucunement, leurs petits chevaux chétifs et affamés étant loin d'avoir la célérité des nôtres. Quand ils ont des denrées à transporter, ils emploient une espèce de chariot long, étroit, à deux roues, et auquel ils attèlent un buffle, animal qui leur rend quantité d'autres services. Si le fardeau est pesant et nécessite une plus grande force de locomotion, ils placent plusieurs de ces bêtes l'une au devant de l'autre à la manière de nos rouliers, mais jamais de front, car l'espace ne le permet pas, et il faut prévoir le cas d'une rencontre.

Quant aux voitures de construction européenne, on n'en voit guère qu'à Canton. Les premières qui y parurent causèrent autant d'étonnement que d'admiration ; elles furent prises pour des boîtes d'optique, dont les curieux s'approchaient un à un pour regarder dedans. Ces voitures appartenaient aux ambassadeurs et à leur suite', qui ne s'en pouvaient servir que dans les plus belles rues, les autres étant trop étroites pour leur prêter passage. Cette raison leur a fait solliciter la permission d'avoir des chaises à porteurs comme les gens du pays, mais jusqu'ici ils ne l'ont point obtenue. Où ne peuvent passer les voitures, les étrangers doivent aller à cheval ou à pied, et c'est pour eux un grand crève-cœur, car les palanquins chinois semblent, comme disent les Anglais, *the very home of comfort*, l'asile même de l'aisance.

Ce n'est pas la seule vexation que les ambassades mêmes aient à supporter. Dans les villes où il y a une police et une garnison, elles ont été placées sous la protection des magistrats, et la population a dû contenir son mépris et son aversion ; mais dans l'intérieur du pays, la vue de ces étrangers, si différents par leur habillement, par leur peau et la manière avec laquelle ils sont rasés, a excité la plus grande curiosité. Les enfants, tout aussi méchants que chez nous, les poursuivent de gestes irritants et de cris de *funkweis*, c'est à dire barbares. Les mères conduisent exprès ces petits démons sur les routes ou sur le rivage des fleuves, pour leur faire voir ces malencontreux voyageurs, et leur inspirer la haine et le mépris dont elles-mêmes sont préoccupées. Les chefs de familles surtout cherchent à perpétuer ces sentiments dans leurs descendants. Voyez-vous, leur disent-ils, ces barbares? Sous le manteau du commerce, ils finiront par s'emparer de notre pays, après avoir détruit nos temples et renversé le trône de nos empereurs. Disons, comme excuse à cette défiance inhumaine, que les Portugais, le premier peuple d'Europe qui se soit établi en Chine, n'ont que trop mérité l'antipathie témoignée ensuite à tous les étrangers en général. Les Chinois, élevés plutôt dans la morale que dans la religion, étaient surpris et dégoûtés des pratiques dévotes des colons de Macao, si en opposition avec leurs mœurs licencieuses. Les gens éclairés, les philosophes les plaignaient, mais le peuple s'exaspérait contre eux.

Outre les palanquins, les brouettes et les chariots particuliers, il y en a encore de louage, de même que des bateaux et des chevaux. Sur terre et sur eau il y a aussi des services publics assez bien organisés, qui partent à heures et à jours fixes. Quand ailleurs nous avons avancé que les Chinois n'étaient point un peuple voyageur, nous entendions à l'étranger, car à l'intérieur ils se remuent comme des fourmis; leurs routes, mais surtout leurs rivières et leurs lacs, sont perpétuellement encombrés de voyageurs.

Ils ont des hôtelleries sur tous les points; mais

la pauvre apparence de ces établissements dit assez que les mandarins et les riches ne s'y arrêtent point. En effet, ceux-ci sont toujours logés dans les temples. Que dirait-on en Europe de voir des églises servir d'hôtellerie? Dans les maisons particulières, comme chez nous, les militaires y logent en temps de guerre. Les cabarets, car c'est là l'appellation la mieux appropriée, se distinguent des autres habitations par quelques couples d'oies et de canards qui décorent leurs balcons en guise d'enseigne.

Les Chinois n'ont point de postes aux lettres, c'est-à-dire qu'ils n'en ont point d'organisées par le gouvernement, qui jusqu'à ce jour ne s'est occupé que de son service, et nullement de la commodité publique et de celle des habitants; mais ils ont des entreprises particulières et des commissionnaires qui, pour une faible rétribution, se chargent de porter leurs lettres d'un endroit à un autre. Si la lettre va loin, il lui arrive de passer dans bien des mains; mais il n'en résulte pas d'inconvénients, car cet emploi n'est exercé que par des personnes sûres, et le Chinois est assez peu brouillon pour qu'on ne redoute jamais son étourderie. On sait d'avance quand part le courrier et dans quelle direction. Tantôt on dépose les lettres dans un lieu convenu, où il va les prendre; tantôt, le portefeuille en bandoulière, il annonce son passage par un cri particulier, et recueille ainsi la correspondance de la localité. A quelques lieues de là, il la transmet à un confrère, ou la distribue lui-même si elle a atteint sa destination. Muni des dépêches qui lui sont alors remises par son camarade facteur ou le public, il revient, procédant en tout comme il a fait en allant, et s'arrêtant s'il y a lieu. Faute d'autre, il faut bien s'accommoder de ce service; mais il est lent, très lent, et il doit l'être. On peut dire que ce n'est qu'une petite poste très peu propre à être établie sur une grande étendue.

Les postes du gouvernement, les seules qui soient régulières et méritent ce nom, ne sont pas non plus très accélérées. Quinze lieues en vingt-quatre heures dans les cas ordinaires, et trente quand il y a urgence, voilà tout ce qu'on a pu en obtenir jusqu'ici; et cependant il n'y a aucun retard, aucune négligence: homme et cheval sont au relai toujours prêts, et n'attendent que le sac pour partir. Les Chinois ne perdent point de temps, mais leur activité est celle de la tortue; et le mandarin, qui est le courrier qui porte les dépêches de l'empereur, ne peut pas sortir de sa gravité peu hâtive, même pour les *dépêches de feu*, ainsi nommées pour distinguer les dépêches impériales. Lorsqu'ils sont dans des circonstances d'urgence, comme on l'a déjà dit à l'article de l'autorité impériale, les mandarins, qui portent les dépêches à cheval, ne marchent qu'au pas. Nous qui sommes accoutumés à la rapidité de nos malles-postes, qui parcourent presque cent lieues en un jour; nous qui avons des chemins de fer et des télégraphes, nous ne pouvons que plaindre ce malheureux empereur, servi aussi lentement. Ses dépêches ne mettent pas moins de 12 à 13 jours pour parvenir de Pé-kin à Can-ton; et dans certaines circonstances graves, comme la dernière guerre avec les Anglais, cette lenteur doit avoir produit les résultats les plus désastreux.

Chaque courrier, qui est, comme on a déjà dit, un mandarin, est escorté par cinq cavaliers. Les dépêches sont dans un sac à deux serrures; une des clés est portée par le mandarin, et l'autre par le chef de l'escorte. L'enveloppe qui recouvre les dépêches de l'empereur est jaune, comme nous l'avons dit, couleur de la dynastie actuelle. La dépêche, arrivée à sa destination, est placée sur une table dans la salle d'audience, et sur un plateau d'argent. Le mandarin à qui elle est adressée se prosterne devant elle avec ses employés, l'entoure d'encens, et, après ces cérémonies, elle est ouverte et lue.

L'empereur écrit en chinois, en tartare, et quelquefois en latin; peut-être sont-ce les missionnaires qui lui ont appris cette dernière langue, qu'il n'emploie sans doute que dans des notes confidentielles à ses ministres les plus éclairés, car c'est encore une étude de luxe, et bien peu de ses mandarins seraient capables de comprendre Horace et Virgile. Les jésuites ont porté le latin en Chine, mais on ne le sait pas mieux que le chinois à Paris; c'est, nous le répétons, une étude de faste qui ne sort guère de la cour.

Dans des circonstances d'urgence, les Chinois établissent des signaux de nuit au moyen de lanternes qu'ils allument sur les hauteurs, et dont le nombre, la couleur et la position varient. Ces espèces de télégraphes peuvent dire beaucoup de choses; mais, comme le service en est mal régularisé, il va lentement, comme tout le reste; or dans une nuit il ne peut franchir l'espace qui sépare Can-ton de Nan-kin, et très rarement il arrive en deux nuits à Pé-kin.

CHAPITRE XVII.

MONUMENTS PUBLICS ET HABITATIONS PARTICULIÈRES.

Lorsque l'on connaît déjà la grande muraille, le canal impérial et le temple d'Honan, frappé de leur gigantesque architecture, on suppose naturellement que leurs constructeurs ont dû se révéler dans les autres monuments chinois. Cependant, à l'exception du palais impérial de Pé-kin et de la résidence de Thé-hol, rien ne justifie cette haute idée qu'on s'en était faite, nulle part on ne retrouve le grandiose auquel on s'attendait.

Les édifices de la Chine n'ont ni la solidité romaine, ni l'élégance grecque, ni le travail oriental. Ils sont d'une construction simple. Les fondations se font ordinairement en pierre de taille ou en granit, et le reste en briques; mais le fer n'est jamais employé. Les toits sont couverts de tuiles, comme dans beaucoup de villes d'Europe. Presque tous les monuments de la Chine portent le nom de temples, ce qui ne les empêche pas d'être en même temps théâtres, colléges, bibliothèques, greniers publics, etc., enfin de tous les usages dont le peuple de la localité peut avoir besoin. La beauté de ces monuments consiste en peintures, dorures et ornements de tous genres, qui les privent de toute majesté, surtout à l'extérieur, et leur donnent l'air colifichet. Les temples proprement dits seraient assez élevés, mais on les environne d'une double colonnade de bois peint, formant à l'entour un péristyle plus bas et détaché, qui semble les faire rentrer en terre (1); et puis il n'y a point de façades, les villes étant sans places et les rues étroites.

Les maisons particulières, par cette même raison, sont encore plus basses, afin de ne point exclure entièrement l'air, et sans colonnes, parce que l'effet en serait perdu. Devant celles qui ont des boutiques sont des poteaux qui soutiennent les enseignes. Ces enseignes sont écrites en or, et revêtues en même temps de peintures qui indiquent au passant non lettré les marchandises qu'on est en mesure de lui vendre. Ces maisons ont sur la rue des fenêtres fort petites, garnies de papier

(1) Le temple d'Honan même, la merveille du pays, n'est pas exempt de ce défaut.

huilé ou vernissé; les rez-de-chaussée n'en sont point planchéiés, mais carrelés de marbre ou de briques, lesquelles sont en général tenues avec un ordre et une propreté agréables à la vue, et qui donnent une idée d'aisance.

Les plus hautes maisons n'ont que deux étages, en y comprenant le rez-de-chaussée. Dans leur plan et leur arrangement, elles ont une grande ressemblance avec les habitations romaines découvertes à Pompéia. Lorsque les Chinois virent des dessins de quelques villes européennes, telles que Paris et Gênes, ils demandèrent si c'était que nous manquions de terrain, puisque nous empilions ainsi nos maisons les unes sur les autres.

Les palais des grands ni les édifices publics n'ont de fenêtres sur la rue, elles sont toutes sur les cours intérieures. Les portes seules ouvrent au dehors; chaque demeure en a ordinairement trois, dont celle du milieu est la principale et admet les chaises à porteur; les piétons entrent par les portes latérales. La première pièce en dedans de ces portes est un vestibule couvert, dont le centre est ordinairement occupé par un large bassin à pieds, ressemblant à nos piscines baptismales, du milieu duquel jaillit un léger filet d'eau et où cabriolent à l'envi une multitude de petits poissons rouges. Cette antichambre, dont les murs sont tendus de soie et couverts de maximes qu'on y a brodées, a un élégant carrelage de porcelaine, qui l'hiver disparaît sous un riche tapis, et un plafond sculpté d'où pendent quelques lampes plus simples que celles des chambres d'apparat. Elle est invariablement entourée de petites banquettes interrompues par des vases de fleurs.

Immédiatement après vient la salle à manger, qui, parmi la bourgeoisie, sert aussi de salon, et alors elle est plus ornée; mais, chez les riches, c'est une pièce à part, dont tout l'ameublement consiste en une grande table en fer-à-cheval, en chaises et en buffets. Ici, on laisse toujours beaucoup d'espace vide, pour faciliter le service des domestiques et les représentations des jongleurs.

Mais le salon de réception, qui ouvre aussi sur le vestibule, est resplendissant. On y voit souvent des lambris de bois de rose ou de camphrier taillés à jour, sur lesquels se détachent des oiseaux, des papillons, des fleurs, dont la précision du dessin n'est pas moins admirable que le brillant du coloris. Cette magnifique boiserie est doublée de soie, parce que, sans cet obstacle, l'œil pénétrerait dans les autres appartements, et que les femmes ne pourraient approcher pour surveiller la compagnie ou prendre part à la conversation, comme cela arrive quelquefois.

Ce salon est encombré de fleurs des plus belles; les urnes dans lesquelles on les place sont presque toutes de fabrication antique : les Chinois les estiment plus que les urnes modernes, non par le sentiment qui nous fait rechercher les œuvres des Grecs et des Romains, mais parce qu'ils ont la superstition de croire qu'elles conservent l'eau et les fleurs plus fraîches.

Mais le plus magnifique ornement de ce salon c'est sans contredit les lanternes, qui sont suspendues à une voûte éblouissante de sculptures dorées Ces lanternes sont de nacre et supérieurement peintes; elles sont de plus garnies de festons de cristal taillé, ce qui les fait étinceler de mille feux lorsqu'elles sont allumées. Dans beaucoup d'appartements, elles ont comme un surtout de soie brodée, d'où pendent des franges et de larges rubans; là elles sont en verre de couleur, en corne, ou en papier, mais toujours élégantes, soignées, et d'une dimension à nous surprendre. Ces lanternes à demeure sont de véritables lustres, et des plus grands.

Les autres meubles de ce fastueux salon sont des tabourets, des chaises, des fauteuils, des tables et des étagères. Cependant ces meubles, sous le même nom, ont des formes différentes des nôtres, qui donnent un aspect caractéristique à cette pièce; j'ajouterai que la distribution de ces objets y est pour quelque chose. Les étagères sont en bois précieux; le dessus est en marbre noir, recouvert d'une petite housse de velours à crépines d'or; elles sont surchargées de divers objets d'art, mais la tablette supérieure est occupée par de petits socles sur lesquels on place des fruits naturels ou figurés. Chaque salon contient ordinairement deux grandes tables, aussi couvertes de velours et chargées de fruits; le reste de l'espace est rempli par de petites tables carrées, qui ne peuvent admettre plus de deux personnes, et de chaque côté desquelles on place soit une chaise, soit un fauteuil étroit et élevé, que pour cette raison on ne sépare jamais de son petit tabouret. Ce dernier article est en porcelaine pendant les chaleurs de l'été, mais, quand vient la saison froide et qu'on étend les tapis, on les remplace par d'épais coussins. Ces tables, où les convives vont s'asseoir deux à deux pour fumer, pour prendre le bétel et le thé, donnent à toute la pièce l'apparence d'un café parisien.

Après le salon et la salle à manger viennent les appartements privés, dont les entrées sont fermées par de vastes rideaux de velours, de satin ou de coton brodé, les Chinois n'ayant jamais d'autres portes intérieures. Ce sont les cabinets d'étude des hommes, les boudoirs des femmes, qui sont des imitations en miniature du grand salon, et les chambres à coucher, dont l'ameublement est des plus simples. Un lit, qui est un luxe assez nouveau chez les Chinois, une espèce de lavabo, une table de toilette, avec un miroir de glace ou de métal, en font tous les frais. Autrefois les Chinois dormaient à terre sur des carreaux, des fourrures ou des nattes de bambou; maintenant ils ont en général des lits, même les pauvres, mais quels lits! une planche posée en travers de deux tréteaux et sur laquelle ils étendent un mince matelas. Le mode de coucher des riches n'est guère meilleur : c'est un énorme carré à colonnes, surmonté d'un plafond d'où descendent les rideaux. Hommes et femmes se couchent presque habillés et sans draps; ils ôtent seulement les bottes ou les souliers, ainsi que les vêtements de dessus, et se roulent dans quelque couverture de soie ou de coton, ou, si les nuits sont froides, dans les fourrures qu'ils tirent de la Sibérie.

Dans les appartements chinois on ne trouve ni cheminées, ni poêles, ni bouches de chaleur, mais des espèces d'encadrements pour brasiers, plus ou moins grands, plus ou moins élégants, que les domestiques placent au milieu de la pièce, après y avoir mis le feu au dehors.

Il ne s'y trouve pas non plus de sonnettes, mais de petites cloches, sur lesquelles on frappe avec un maillet de bois pour appeler les valets.

Nulle part on ne voit de pendules; mais chaque maison, pauvre ou riche, possède des sabliers, des vases d'où l'eau tombe goutte à goutte, et des chandelles de cire végétale qui brûlent très méthodiquement. Outre ces différents moyens de connaître les heures, il y a dans chaque quartier un sonneur public, dont l'unique emploi est d'annoncer à quelle partie du jour on est arrivé, en frappant de quart d'heure en quart d'heure sur une grosse cloche de fer mélangé d'étain. De plus, tous les hommes portent deux montres à la fois, de sorte que, si l'une s'arrête ou se dérange, il peut consulter l'autre.

Les cours intérieures des maisons chinoises sont souvent entourées de balcons et de colonnades. Au milieu de quelques unes se trouve un bassin ou étang artificiel, peuplé de poissons, environné de plantes odoriférantes rares, duquel s'élève un pavillon où l'on s'abrite des chaleurs de l'été, et qui sert ordinairement de salle de spectacle ou de concert; j'allais ajouter de bal, mais les Chinois n'aiment ni ne comprennent la danse, ils n'y voient qu'une fatigue inutile et des évolutions dérogatoires à la dignité du maintien. On arrive par des ponts élégants à ce pavillon, dont les fenêtres, de cristal de couleur ou de nacre, restent ouvertes pendant la nuit, aussi bien que les portes, pour entretenir la ventilation et la fraîcheur; mais on abaisse des réseaux ou stores de gaze, que, dans le jour, on remplace par d'autres réseaux en bambou. La salle principale est meublée avec le plus grand soin, souvent avec magnificence. Dans quelques palais il y a des terrains où l'art a créé des fontaines, des rochers, des chutes d'eau, toutes imitations de la nature, qui ont donné aux Anglais l'idée de leurs jardins. Mais ces choses ne se rencontrent jamais qu'à la campagne et par un privilége spécial de l'empereur, qui l'accorde rarement, de crainte d'enlever trop de terres à l'agriculture. Dans ces maisons opulentes on doit encore remarquer les *miaos* ou chapelles et les salles des ancêtres avec les inscriptions de marbre. Presque toutes ont aussi une salle destinée aux fumeurs d'opium ; elle est garnie de lits de repos avec des espèces de niches pour appuyer la tête, et généralement auprès d'une autre chambre consacrée au jeu.

Dans les appartements chinois on trouve souvent des portes circulaires, de sorte que, pour entrer ou sortir, il faut franchir un échelon. Elles représentent ordinairement un paysage, et quand elles donnent sur un jardin on les fait en cristal blanc, afin de jouir d'une agréable perspective, la nature elle-même avec ses variations valant mieux que tous les tableaux qu'on en peut faire. Ces portes sphériques sont encadrées de dorures et de sculptures, et de chaque côté ornées de superbes rideaux et de vases de porcelaine qui ont jusqu'à 6 ou 7 pieds de hauteur. Les fleurs naturelles ou artificielles, suivant la saison, et les plumes de paon dont on remplit ces vases, donnent au salon un joyeux air de fête.

La toiture de ces *villas*, comme celle des palais impériaux, est recouverte d'un réseau de laiton qui empêche les hirondelles d'y faire leurs nids. Les tuiles, qui sont grises au sortir du four et qu'on emploie telles dans la plupart des maisons pauvres ou bourgeoises, sont, chez les riches, généralement peintes en vert, en rouge, etc., selon le rang du propriétaire. Ajoutons que les toits sont carrés, mais allongés et recourbés aux angles, et le lecteur pourra se faire une idée de l'ensemble d'une de ces maisons de campagne, dont quelques unes valent des sommes exorbitantes, entre autres celle de *How-gua*, près de Pé-kin, qui a coûté, dit-on, 50 millions de francs. Quel était donc dans nos pays le particulier assez riche, à moins d'être prince, qui pût faire une pareille dépense?

Malgré leur prix élevé et leurs magnificences, ces domaines particuliers n'approchent pas plus du palais de l'empereur que les beaux jardins que les hongs (1) ont aux environs de Can-ton n'approchent du parc qui en dépend. Le palais de Pé-kin est surtout imposant par le vaste emplacement

(1) Les hongs ouvrent leurs jardins au public plusieurs fois chaque mois, à des époques fixes.

qu'il occupe. Ses épaisses murailles ont 7 mètres de hauteur et 10,500 de circonférence. Dans toute son étendue le sommet est pavé et planté de deux rangées d'arbres qui en font une promenade délicieuse. Le parc renferme plusieurs grands pavillons qui ont jusqu'à trois étages, ce qui ne se voit pas ailleurs, et qui sont, avec l'habitation principale, de la meilleure architecture du pays (toujours gâtée par l'or et les couleurs). Les salles d'audience sont éblouissantes, et le sont peut-être trop; mais cette surabondance de luxe déplaît moins dans les décorations intérieures d'un appartement que dans celles du dehors. La salle du trône, qui les surpasse toutes, ayant été décrite dans un précédent chapitre, nous ne nous y arrêterons pas davantage.

Le parc réunit encore une multitude de ruines, de bois où abonde le gibier, de rochers avec leurs précipices et leurs cascades, de lacs et de rivières avec leurs ponts de constructions diverses, tout cela entremêlé de jolies chaumières et de parterres riants. Dans tout l'Orient il n'y a que le palais et le parc de Thé-hol qui puissent rivaliser avec ceux de Pé-kin.

Autant ces palais sont au dessus des autres, autant la capitale éclipse toutes les villes de l'empire. Pour avoir une idée de l'étendue de Pé-kin, il suffit de savoir qu'il renferme plus de deux millions d'habitants, dont les maisons peu élevées logent par conséquent peu de monde, et en outre l'immense palais impérial. Les rues sont aussi plus larges, mieux aérées que partout ailleurs, et généralement pavées; celles qui ne le sont pas sont soigneusement arrosées pour empêcher la poussière. Une de ces rues a 5,000 mètres de longueur; elle a été tirée au cordeau, de sorte que la vue peut s'y promener d'un bout à l'autre sans rencontrer d'obstacles que les arcs de triomphe, qui s'y élèvent en plusieurs endroits.

Les murailles de Pé-kin ont environ 14 mètres de hauteur, 7 d'épaisseur à leur base, et 4 vis-à-vis du terre-plain sur lequel le parapet est élevé, les briques étant à l'extérieur disposées en forme de talus, les unes en arrière des autres, comme les pierres des pyramides. Les portes sont des monuments, chacune étant surmontée d'une tour à plusieurs étages, où l'on place les sentinelles. A chaque étage se trouvent quelquefois peintes les embrasures pour les canons, de même que les sabords sur les côtés d'un vaisseau marchand.

Les portes principales sont précédées de *Pai-loos* ou arcs-de-triomphe, qui sont de bois, mais du reste assez semblables aux nôtres quant à la construction, avec cette seule différence que les trois portes dont ils se composent, et dont celle du milieu est la plus haute, sont recouvertes d'un triple toit superposé. Les montants et les traverses sont décorés de grands caractères d'or qui indiquent le nom de celui qui a fait élever le monument, dont le but est d'honorer quelque homme distingué, ou de perpétuer la mémoire d'un événement important.

Les boutiques de Pé-kin sont aussi les plus brillantes de tout l'empire; elles rompent agréablement la monotonie des murs des palais et des temples, qui y sont naturellement plus nombreux qu'ailleurs.

On voit dans les environs de cette capitale plusieurs pagodes ou *Ta*. Ces édifices, d'origine indienne et dont l'usage n'a jamais été vérifié, sont très communs dans l'intérieur de la Chine. C'étaient sans doute des chapelles dans le pays d'après lequel on les a imitées; mais dans celui où l'on en a fait tant de copies, elles semblent n'avoir jamais servi que d'ornement. Elles sont plus ou moins élevées, mais le nombre des étages, qui varie de trois à treize, est toujours impair. La pagode de Nan-kin, la plus fameuse de toutes, peut donner l'idée des autres. Elle est haute environ de 70 mètres sur un plan octogone. Elle a treize étages qui vont en diminuant à mesure qu'ils s'élèvent, le toit inférieur forme une espèce de terrasse à l'étage immédiatement au dessus. Ce toit est garni, à chacun de ses angles, de clochettes qui vont aussi en se rapetissant jusqu'au sommet, qui se termine par un petit dôme pointu, surmonté d'une boule dorée. L'intérieur de la pagode est occupé par un escalier à vis, qui est éclairé par des fenêtres à chaque étage, et décoré de niches où sont placées les images de Boudha. Parmi les autres pagodes de la Chine, qui ont de 40 à 60 mètres de hauteur, et qu'on dit avoir été érigées en 1411, il faut distinguer celle qu'on appelle *Paoling-tza*. Elle a neuf étages, qui se terminent par une boule qu'on dit d'or massif, et non point dorée comme les autres; mais cela n'est guère croyable, pour peu que la boule soit grosse. Cette pagode est de porcelaine, comme celle de Nan-kin, c'est-à-dire qu'elle en est revêtue. On a employé neuf ans à sa construction, qui a coûté neuf millions et demi de piastres d'Espagne.

Les villages de la Chine présententu n aspect tout différent de ceux d'Europe, ou plutôt ce ne sont point des villages, car par ce mot nous entendons un rassemblement d'habitations champêtres non encloses de murs; tandis que leurs chaumières, leurs cabanes, sont éparses dans la campagne. Ces habitations des paysans chinois ne peuvent se comparer qu'à celles de Hongrie, sur lesquelles elles ont l'avantage du confortable. Elles sont de bois et couvertes de paille, elles n'ont qu'un étage divisé en plusieurs chambres par des nattes de bambou, elles sont propres et commodes. Une chose qui surprend fort les étrangers, c'est que l'entrée principale est une ouverture sans porte, et qu'il n'y a ni volets aux fenêtres, ni aucune autre précaution prise contre le soleil, les voleurs et les bêtes féroces, qui pourraient s'introduire dans l'intérieur, surtout la nuit.

Dans un chapitre sur les monuments publics de la Chine, on ne peut passer sous silence les ponts et les canaux, à cause de leur grande utilité et de la supériorité qu'ils ont sur les autres ouvrages du même pays.

Les ponts sont d'une construction remarquable, ayant des arches sans pierres centrales, ce qui ne les empêche pas d'être solides; peut-être dans le pays on les croit tels parce qu'il n'y passe ni voitures, ni fardeaux d'aucun genre, tous les transports se faisant par eau. Les blocs de ces ponts ont fréquemment cinq mètres de longueur sur deux de largeur. On ne comprend pas comment les ouvriers chinois parviennent à les placer, car ils n'ont pas de machines et font tout par la main d'œuvre naturelle.

Les canaux diffèrent beaucoup de ceux d'Europe, auxquels ils sont notablement supérieurs, n'étant point, comme ces premiers, destinés à suivre une ligne directe dans un espace étroit et sans courant; ceux de la Chine ont beaucoup de sinuosités, leur largeur est d'une inégalité souvent considérable, et leurs eaux sont rarement stagnantes. Les ingénieurs savent profiter des rivières grandes ou petites et des accidents de terrain infiniment mieux que ceux des autres nations. Leurs écluses sont aussi établies d'après un autre système; elles n'ont point de portes, et consistent en quelques planches posées séparément les unes au-dessus des autres, dans la rainure de deux solides piliers de pierre. De légers ponts de bois sont jetés sur les piliers, et on les retire aisément quand les bateaux passent. Les écluses ne s'ouvrent qu'à des heures fixes. Il va sans dire qu'il y en a une multitude dans un pays coupé par tant de fleuves et de canaux, où les rizières réclament tant d'irrigations. Par le fait on ne saurait parcourir un espace de 2,000 mètres sans en rencontrer au moins une.

CHAPITRE XVIII.

FÊTES, SPECTACLES ET BEAUX-ARTS.

Bien que tranquilles, nonchalants d'esprit et physiquement toujours occupés, les Chinois sentent parfois, comme les autres peuples, le besoin d'être récréés et divertis. Les fêtes publiques ne leur manquent pas, il semble même qu'elles soient plus fréquentes chez eux que partout ailleurs. Le renouvellement de l'année, de la lune, de l'anniversaire de l'empereur, la cérémonie des lanternes, en sont autant de prétextes, et la population entière s'y porte avec un empressement qu'on ne vit jamais aux fêtes des Champs-Élysées de Paris, aux combats de taureaux à Madrid, aux régates de Venise et aux processions de Rome.

Outre leurs fêtes publiques, les mariages, les naissances et diverses circonstances donnent lieu à des réunions de famille, à des réjouissances particulières. L'ostentation de leurs funérailles en fait aussi des spectacles. Toujours la masse des oisifs et des indifférents peuple les fêtes dans tous pays.

L'année commence à la moitié de février et donne lieu à des fêtes qui durent une semaine, et qu'on ne peut comparer qu'aux saturnales des Romains. Toute la population, ordinairement si calme, si taciturne, passe subitement à toutes les extravagances de la joie; on dirait que ce sentiment inaccoutumé leur porte au cerveau, les enivre et les empêche de s'amuser avec mesure, comme le font les gens d'humeur et d'habitudes plus gaies.

Tant que dure la solennité, personne ne travaille; chacun, paré de ses plus beaux habits, ne cherche qu'à prendre le plaisir au vol et en provision jusqu'aux prochaines réjouissances. Celles-ci consistent en représentations théâtrales, en tours de force et d'adresse, en joutes sur l'eau, mais surtout en feux d'artifice.

Pendant cette première semaine de l'année on fréquente beaucoup les temples, auxquels on se rend avec un cierge allumé. Celui qui peut rapporter son cierge sans que le vent l'ait éteint se croit assuré de passer l'année dans le bonheur; mais ceux qui n'ont pu le conserver allumé en allant et en revenant, et c'est le plus grand nombre, car le vent souffle fort à cette époque, ceux-là se croient obligés de recommencer l'épreuve jusqu'à ce qu'ils aient fait tourner la chance. Généralement ils finissent par obtenir ce qu'ils désirent, et le mauvais augure qui les avait d'abord effrayés se trouve anéanti.

L'anniversaire de la naissance de l'empereur est célébré avec pompe; c'est la fête du chef de la grande famille chinoise. En cette occasion les divertissements durent encore plusieurs jours.

Le premier jour, l'empereur est conduit au temple de *Poo-ta-la*, dédié à Foo, et construit par Kien-long, qui monta sur le trône en 1736. Outre les statues colossales de Foo, de sa femme et de son fils, ce temple contient celles de cinquante lamas morts en odeur de sainteté. Huit cents prêtres sont attachés au temple de Poo-ta-la; ils vont au devant de l'empereur, revêtus de leurs plus riches costumes lorsque ce souverain, suivi de sa famille et de toute sa cour, vient rendre hommage à la suprême majesté, et lui demander d'ajouter de nouvelles années à celles qu'en ce jour il complète.

Pas moins de 12,000 mandarins et de 80,000 hommes de troupes assistent à ces fêtes; mais les femmes n'y paraissent jamais, elles restent froides et systématiques, éminemment chinoises enfin. Il y a souvent des revues, des parades, mais pas de tournois ni de courses. Les jongleurs et les bateleurs font les plus grands frais de la réjouissance. Les ballets exécutés par leurs histrions partagent aussi la foule des spectateurs, car, pour n'être point danseurs, les Chinois ne demandent pas mieux que de se laisser distraire par les danses de leurs baladins et les luttes, où se déploient une force et une agilité grandement empêchées par l'ampleur de leurs vêtements. Ces baladins si légers exécutent toutes leurs figures et leurs gambades sans déposer un instant leurs lanternes, dont les diverses couleurs produiraient leur effet dans un divertissement de nuit, mais en plein jour elles ne sont qu'un attirail inutile.

En tous temps, il y a en Chine des jongleurs ambulants qui parcourent les rues des grandes villes, et rassemblent autour d'eux les curieux et les oisifs. Leurs castes sont aussi variées que les évolutions qu'ils accomplissent. Les uns mettent leur adresse à maintenir leur équilibre sur un fil d'archal, sur une échelle sans appui; d'autres à lancer à une grande hauteur des flèches, des épées, des tridents à manches plombés, et à les recevoir avec une sécurité et une justesse de vue vraiment surprenantes. Les escamoteurs attirent aussi la foule; ce ne sont plus seulement des joueurs de gobelets qui se bornent à faire paraître ou disparaître un certain nombre de boules; ils sont habiles à simuler la mort des animaux et même des hommes, qui paraissent passer aux yeux du public par toutes les phases de l'agonie de la manière la plus impressionnable. Lorsque les assistants ont été suffisamment émus et terrifiés, la victime est ressuscitée, et les cash pleuvent de toutes parts (1). Si les amusements d'un peuple sont une indication certaine du caractère national, nous pouvons déclarer les Chinois pourvus de patience autant que de simplicité et de frivolité.

La fête des lanternes, qui se célèbre le quinzième jour de la première lune, ce qui la rend trop voisine des fêtes du nouvel an, offre un spectacle encore plus extraordinaire et plus bruyant.

C'est une profusion de lanternes de toutes les grandeurs, de toutes les couleurs et de toutes les formes imaginables, en papier, en soie, en verre et en nacre. En cette circonstance on ne se contente plus de les porter à la main, mais on les fixe au haut de longues perches, qu'on élève des deux côtés des fleuves et des principales rues. Les bateaux sont tous illuminés; les yongs, les tam-tams résonnent sur tous les points et se mêlent au bruit des pétards et des artifices qui se tirent en mille endroits. Mais toutes ces choses ne sont que des accessoires de la cérémonie principale, de la procession du dragon. Ce monstre est en papier peint; il est illuminé. Les hommes qui le supportent lui font exécuter des mouvements fantastiques; son

(1) Les *cash* sont une monnaie de la valeur de 6 centimes.

effroyable tête est surmontée de cornes, et de ses yeux hagards et enflammés il jette des regards terrifiques sur la foule à mesure qu'il avance au milieu d'elle. Il se roule et se tord comme tourmenté d'horribles convulsions. Sur le dos de ce gigantesque dragon, qui est précédé et suivi d'une quantité de gros poissons et de 10,000 reptiles ailés, construits et illuminés comme lui, se détache le portrait de l'empereur. Tout change de couleur, et après avoir été bleu, vert, devient jaune impérial. Alors éclate un volcan artificiel, avec éruption de clameurs, auquel répondent tous les autres feux. Au milieu de cette détonation générale expire le monstre, et chacun rentre chez soi. *Requiescat in pace!*

Les Chinois ont encore la fête du printemps, qu'ils accompagnent de cérémonies aussi bizarres. Ils y sacrifient un buffle, et paradent dans les rues en portant avec leurs têtes des tables sur lesquelles ils font tenir debout de jeunes enfants, au grand risque de leur casser la tête et les reins. Mais mon but n'est pas d'offrir un programme exact et bien détaillé de ces espèces de mascarades; je veux seulement en donner une idée qui aide à l'appréciation juste du peuple que nous cherchons à étudier. Je ferai cependant remarquer que les Chinois sont d'habiles artificiers, avec lesquels les nôtres ne pourraient lutter, quoique nos feux produisent plus d'effet, parce que nous les embrasons pendant la nuit, au lieu qu'en Chine c'est la plupart du temps au grand jour, l'empereur se levant et se couchant avec le soleil, et son exemple servant de règle aux autres.

Les représentations théâtrales sont en grande faveur auprès des Chinois, qui ne sont point aussi inférieurs en ce genre que nous avons pu en Europe nous le figurer. Ils ont quelques bons drames, car on ne peut leur donner le nom de tragédies ni de comédies, les deux genres étant continuellement mêlés dans les mêmes pièces. Ces compositions sont quelquefois en prose, quelquefois en vers; mais on ne doit pas s'attendre à y rencontrer la perfection du théâtre grec ou latin; néanmoins le russe Ylbrandt-Ides, qui fut ambassadeur en Chine en 1692, dit que les dramatistes chinois ne manquent pas de noblesse dans leurs idées ni d'élévation dans leur poésie; que leurs dialogues sont souvent plaisants et assaisonnés de jeux de mots qui amusent beaucoup malgré la vulgarité et l'indécence de quelques uns. Là dessus n'allons pas attaquer la moralité de ces pauvres Chinois; songeons à Molière, à Shakespeare, à Machiaveli, qui certes n'étaient pas fort scrupuleux sur cet article.

Le but du théâtre est l'encouragement à la vertu et la réprobation du vice; mais, comme tous les enseignements du même genre, il manque souvent son effet; et c'est pour cela que les prêtres et les moralistes, chez nous, conseillent qu'on s'en abstienne. Je ne comprends pas que dans un gouvernement ouvertement despotique on tolère une chose qu'on désapprouve. Si les théâtres sont mauvais, fermez-les, puisque vous en avez le droit. Mais l'empereur de la Chine agit en cette occasion comme le pontife romain, qui non seulement permet le spectacle à son peuple, mais son gouvernement le regarde utile et très nécessaire au maintien du bon ordre. D'où vient donc cette apparente contradiction?

Quelques bonnes que soient les pièces de théâtre chinoises, elles portent rarement un nom d'auteur, parce que ce genre de littérature est peu estimé. Quant aux acteurs, ils sont beaucoup plus mal vus qu'ils ne l'étaient à Rome, et leur salaire est des plus minces; ils ont une existence précaire et vagabonde, car il n'y a pas de salles de théâtres où ils puissent s'installer. Ils sont engagés pour un temps fort court dans la même localité, tantôt par le gouvernement, et plus fréquemment par les riches particuliers. Il n'y a point de femmes parmi eux; ils les remplacent par de jeunes garçons ou des eunuques.

Leurs costumes, qui sont ceux qu'on portait avant l'invasion tartare, sont splendides et conservent le souvenir des modes anciennes; car, malgré leur aversion pour la nouveauté, les Chinois ont souvent emprunté à leurs vainqueurs. Chose étonnante! c'est que l'habillement des femmes a beaucoup moins varié que celui des hommes.

Dans les pièces bouffonnes, dans les farces, le costume scénique est le costume du jour; ce n'est que dans celles qui sont tirées de l'histoire qu'on revêt les habits antiques pour se reporter à l'époque convenable, le gouvernement ne permettant point qu'on joue rien qui ait rapport aux événements arrivés sous la présente dynastie.

La peinture de perspective leur manquant, les Chinois n'ont point de décorations pour leurs théâtres. Au lever du rideau, on vous annoncera que les personnages qui vont paraître auront des bouquets à la main parce qu'ils sont dans un jardin; d'autres fois, pour figurer un combat entre deux armées, l'on apporte huit épées et huit boucliers sur la scène, où on les place quatre d'un côté et quatre de l'autre : les spectateurs sont de cette manière prévenus qu'ils voient un champ de bataille, et ainsi du reste. Lorsqu'il s'agit de changer de pays, l'acteur entre dans un palanquin ou dans un simulacre de bateau, et fait plusieurs tours de théâtre; en s'arrêtant, il déclare qu'il n'est plus à Canton, mais à Nan-kin. Tout cela nous ferait rire par sa simplicité, mais ne pourrait nous intéresser. L'art en Chine est encore dans son enfance, quant aux détails du moins, car le style est souvent beau, nous en sommes convenus, et la déclamation ne saurait être défectueuse. C'est notre volubilité, ce sont nos manières saccadées qui nous rendent quelquefois exagérés et hors de nature. Mais le Chinois semble né pour la représentation; il parle avec emphase et mesure, ses gestes ne sont pas moins réfléchis et cadencés; tous les jours il s'exerce à la comédie.

On chante souvent sur les théâtres chinois, mais ce n'est qu'en fausset, ce qui ne charmerait pas plus nos oreilles que l'étourdissante musique instrumentale des Chinois. Ils n'ont aucune idée de l'harmonie, ni des partitions; quel que soit le nombre des chanteurs ou des exécutants, c'est toujours la même et unique mélodie. Ils ne connaissent ni les tierces, ni les quintes, ni les demi-tons; ils ne comprennent que les octaves, ou plutôt, et disons le mot, ils n'aiment que le bruit. Quoiqu'ils aient une multitude d'instruments et de chanteurs, ils sont anti-musiciens. C'est un inconvénient pour nos oreilles, non pour les leurs.

La musique militaire est surtout bruyante et mauvaise entre toutes les autres. Nulle expression; leurs hautbois, leurs cors de chasse, leurs gros clairons font entendre cinq ou six sons, et répètent la même phrase pendant des heures entières.

Les Chinois n'emploient pas dans la confection

de leurs instruments des cordes à boyaux, mais de soie et de métal. Ils ont, outre ceux que nous avons déjà nommés, le tam-tam, qui est leur instrument favori, des espèces de guitares, de pianos, de violons, une harpe à sept cordes dont jouait, dit-on, Confucius, et que pour cette raison on appelle *le luth des hommes de lettres;* le tambour est réservé à la musique d'église; les cymbales en bois dur ne sont en usage que parmi les mendiants; il y a quantité d'instruments à vent. Malgré tout cela, les Chinois, nous le répétons, n'entendent rien à la musique. Je sais bien que chaque peuple s'habitue à une certaine mélodie qu'il s'approprie pour ainsi dire, et avec laquelle il s'identifie de telle sorte qu'il ne peut plus goûter ce qui s'en éloigne. Je sais que les Français, les Italiens et les Allemands sont satisfaits de leurs compositions musicales, quoiqu'elles aient entre elles des différences, et que chacun de ces peuples supporte la musique des deux autres parce que des relations de voisinage l'y ont peu à peu familiarisé. Malgré toutes ces considérations, je n'irai point en Chine pour y jouir de la musique.

Occupons-nous à présent de la peinture, qui prête tant d'illusion et de prestige à nos décors européens, et dont l'absence rend la scène chinoise aussi gauche que peu déceptive.

La seule peinture où réussissent les Chinois est

celle des oiseaux, des insectes et des poissons. Leurs paravents sont d'une célébrité proverbiale ; leurs écrans et leurs vases ont quelque mérite. Mais le paysage n'est point leur fort, parce qu'ils ignorent les règles de la perspective ; étant sans daguerréotype ils n'ont pas su, comme nous, deviner ces règles ; ils n'ont pas pu imiter la nature. Ils commencent seulement à se douter des ombres depuis qu'ils ont vu des portraits venus d'Europe ; mais ils n'aiment point cette manière de peindre et de couvrir, disent-ils, sa toile de *taches ;* ils assurent qu'un homme doit avoir les deux joues de la même couleur. Cette ridicule persuasion leur nuit, même dans la peinture des fleurs, où ils échouent complétement, quoique le dessin en soit exact ; chaque fleur isolée serait tolérable, mais ce défaut d'ombre, et par conséquent de profondeur, détruit toute espèce d'illusion. Adieu les bouquets, les guirlandes et les buissons.

Les grands tableaux, ceux d'histoire ou seulement de genre, renfermant différents personnages en pied, démontrent, eux aussi, l'ignorance où sont les Chinois des formes humaines. Mais que peuvent être des tableaux sans ombres, sans perspective, sans connaissances anatomiques ? Songeons au temps et au travail que ces différentes études demandent à nos peintres ; regardons nos premiers tableaux lorsque la peinture était tombée chez nous dans l'enfance, et alors nous pourrons nous former une idée des tableaux des Chinois.

La sculpture est aussi bien imparfaite chez eux par les défauts que nous avons déjà énumérés au sujet de la peinture, qui du moins a pour elle le brillant du coloris. Privées de cet avantage, les statues en Chine sont presque grotesques, comme celles des Égyptiens. D'ailleurs la matière première y manque, les marbres de ce pays convenant peu à la sculpture. L'absence de ciseaux convenables est encore une difficulté bien plus grande. Les Chinois ne savent ce qu'est un homme nu, ils ne l'ont jamais vu, ni vivant ni mort.

Mais s'ils ne sont point sculpteurs, les Chinois sont de parfaits modeleurs. Le pays leur fournit une terre glaise dont ils font d'admirables copies de la nature. D'après ces modèles, ils reproduisent en bronze toutes sortes d'animaux avec succès. Quelques uns de ces modèles en terre ou coulés en bronze ont été rapportés par M. Duun, et l'on en a tiré des copies. L'unicorne employée comme encensoir est surtout un chef-d'œuvre de travail et d'élégance; on ne peut lui comparer que la coupe d'alliance, qui est aussi une belle œuvre. L'une et l'autre datent du douzième siècle. Il faut convenir que, sans la Grèce, nous aussi ne serions ni peintres, ni sculpteurs, ni architectes.

CHAPITRE XIX.

CÉRÉMONIES, VISITES ET REPAS.

De quoi s'agit-il dans cet article ? Des cérémonies, des compliments. Ceux-ci sont-ils l'indice d'un heureux naturel qui cherche à s'épancher en paroles douces et caressantes, en manières flatteuses, ou devons-nous y voir le masque de l'artifice qui séduit pour mieux tromper ? Je sais à quoi m'en tenir sur nos gens civilisés de l'Europe ; mais les Chinois, ce peuple apparemment si pur, et certainement moins fin et moins subtil que nous, est-ce aussi la ruse qui les fait agir et parler ? Je laisserai mes lecteurs régler leur jugement par ce qu'ils auront appris dans le cours de l'ouvrage. Quel que soit leur motif, les Chinois sont incontestablement les plus cérémonieux de tous les Orientaux ; ils excellent dans l'art des compliments et des génuflexions, où les Turcs et les Persans nous semblaient avoir atteint la plus haute perfection.

Les présentations à la cour sont assujetties à tant de formalités qu'il faut un professeur, un maître de cérémonies, pour en diriger la manœuvre, et qu'il ne serait point inutile de s'y préparer par des répétitions. Néanmoins elles sont jugées comme si importantes qu'aucune dérogation ne serait souf-ferte, et que, pour une révérence de moins, le Cé-leste-Empire, malgré ses dispositions pacifiques, n'hésiterait pas à se jeter dans les hasards de la guerre. Pour de semblables puérilités, il a failli se brouiller plusieurs fois avec l'Angleterre, dont les ambassadeurs étaient plus récalcitrants que ceux des autres nations.

En 1793 lord Macartney ne fut point reçu par l'empereur Kien-Long à Pé-kin, mais seulement à Thé-hol, dans le jardin, sous une tente spacieuse et magnifique, parce que ses lettres-patentes n'é-taient point revêtues de toutes les formes prescrites par l'étiquette.

En 1816, lord Amherst, envoyé par le régent, de-puis Georges IV, ne put faire accepter les présents dont il était chargé qu'après avoir consenti à ce qu'ils fussent offerts sous le nom de *tributs*. Depuis, la prosternation du ko-teou a été le sujet de gra-ves contestations et de bien d'autres difficultés et pour parlers.

C'est à cause de ces génuflexions fréquentes qui sont dues à l'empereur, que l'ancien habit de cour portait une genouillère brodée en signe de respect; mais je n'ai vu nulle part qu'il comprît un bourrelet appendu, qui semblerait non moins naturel, puisque le front touche la terre presque aussi souvent que les genoux. A cette occasion, je ferai observer qu'au rebours de nos usages, ce serait une grande familiarité que d'ôter son bonnet, et que même, dans les visites entre égaux, ce n'est que sur l'invitation du maître de la maison qu'on peut se découvrir la tête.

L'empereur, lors des audiences qu'il accorde aux ambassadeurs étrangers et aux souverains tributaires, paraît dans une chaise découverte portée par 16 hommes. Ces audiences ont lieu dès l'aube du jour, de sorte que les officiers de service et les grands qui doivent assister à la cérémonie sont obligés de passer une partie de la nuit quelquefois dans les appartements, quelquefois dans les jardins, lorsque ces derniers ont été désignés pour la réception. Les personnes de la cour ne parlent à l'empereur qu'à genoux, et les places d'honneur sont à sa gauche.

Dans les repas d'étiquette de la cour règne un silence respectueux, plus sévère que celui qui s'observe chez nous, là où il y a encore des couvents, dans les réfectoires de moines. Ce silence ne peut-être interrompu que par l'empereur. L'ambassadeur anglais qui fut invité par Kien-Long dit que pendant tout le diner l'empereur ne parla que pour s'informer de l'âge du roi George III, à la longévité duquel il porta un toast en lui souhaitant le nombre d'années auquel lui-même était déjà parvenu, c'est-à-dire 83 ans, ce qui est un bel âge pour un empereur.

Les respects et hommages dont on voit les Chinois entourer leur empereur et leurs mandarins en chef étonnent moins que le cérémonial déployé dans leurs relations entre amis. Chez eux point de naturel, nul abandon, rien n'y est spontané, mais réglé à l'avance d'après le rang, l'âge, et sans doute l'état de la fortune, etc. Leurs lettres, leurs cartes de visites ou d'invitations, sont assujetties à certaines formules dont il serait trouvé indécent de s'éloigner. Pour les lettres, on emploie un papier orné de peintures d'oiseaux et de fleurs, que pour cette raison on appelle feuilles fleuries. Le style est exagéré, prétentieux, l'écriture belle et soignée; car ils prennent beaucoup de peine à la cultiver, la netteté et la hardiesse des caractères étant le signe distinctif d'une bonne éducation.

Les cartes, également décorées, et renfermant quelque compliment non moins boursouflé, atteignent quelquefois une dimension monstrueuse, incroyable; les plus grandes sont estimées les plus respectueuses et les plus amicales. Quelques unes arrivent jusqu'à 5 et 8 mètres carrés. Elles sont généralement en taffetas cramoisi, dont le milieu est occupé par une inscription en lettres d'or. Pour donner une idée du style usité, je rapporterai l'invitation d'un marchand hong à l'occasion de son 70e anniversaire.

« Le dix-septième jour de la lune du printemps, » le riz du soir attendra la splendeur de votre pré» sence. Je vous annonce très respectueusement » l'arrivée de ma 70e année, et mon désir de solen» niser cette heureuse circonstance avec l'astre » qui éclairera le reste du chemin que je dois » parcourir. Je vous invite avec adoration à six » heures. »

La réponse était ainsi conçue : « Puissent les heu» reuses étoiles briller de tout leur éclat, même à » la limite occidentale de leur course (le déclin de la » vie)! Puisse le nectar des Cieux vous donner de » la force et de la vigueur jusqu'au bout de votre » heureux voyage ! »

Lorsqu'on se dispose à visiter un ami, on prend une de ces cartes, et l'on écrit dessus : « Votre » ami, ou serviteur, incline sa tête pour vous sa» luer.» Après quoi l'on revêt les robes et le bonnet de cérémonie, et l'on monte en palanquin ou à cheval, à moins que l'on ne veuille aller à pied, ce qui se fait encore en grande cérémonie. Un domestique qui précède écarte la foule et frappe à la porte, annonçant à haute voix le nom et les titres de son maître, dont il présente la carte à celui qui vient ouvrir. Cette carte étant portée au maître de la maison, il la renvoie, s'il ne veut ou ne peut pas recevoir la visite, par les mots : « *Arrêtez l'approche du gentilhomme* », que le concierge répète en s'agenouillant devant le visiteur et rendant la carte à son domestique. — Ce refus n'est jamais pris en mauvaise part, on suppose que l'ami qui se fait céler est occupé aux affaires de l'empereur, et la politesse s'en tire saine et sauve. Si au contraire l'ami est visible, il garde la carte et suit de près le concierge, qu'il a envoyé ouvrir la porte d'honneur. Visiteur et visité, s'étant mutuellement salués en élevant plusieurs fois jusqu'à la tête leurs mains jointes ensemble, ils montent au salon. Immédiatement après qu'ils sont assis, on leur apporte le bétel, le thé, les fruits, les confitures et les pipes. La conversation commence toujours par des compliments sur le bon air que l'on se trouve à chacun, le regret d'avoir été si long-temps sans se voir, des questions sur le père, la mère et les enfants l'un de l'autre; après quoi l'on tombe sur les nouvelles du jour, ou sur le motif réel de la visite, s'il y en a un autre que de se conserver en relations d'amitié. Nous n'avons guère de différence dans notre manière de procéder; cependant ce qui distingue ces entretiens des nôtres, c'est que les femmes n'y paraissent jamais, et que leur nom n'y est jamais prononcé comme de chose inutile et de ménage.

Lorsque le visiteur veut partir, il se lève, et les domestiques de la maison, qui attendaient ce signal, font avancer son palanquin, jusqu'où l'accompagne son hôte et où il remonte à reculons, après force salutations et souhaits de prospérité.

On se rend aux repas d'étiquette à peu près dans le même équipage et avec les mêmes cérémonies.

La table du banquet est disposée en amphithéâtre, et les convives sont placés d'un seul côté, afin qu'ils puissent jouir des représentations, des tours de force et d'escamotage, qui ne manquent jamais en ces occasions et qui expliquent assez pourquoi l'on y parle peu, et qui peut-être ont été imaginés pour forcer au silence. A bien y réfléchir, il n'est pas naturel de parler lorsqu'on a la bouche remplie, et il n'est ni commode ni convenable de se faire entendre par un grand nombre de commensaux et de domestiques, au milieu du bruit de la vaisselle.

Dans une foule de hors-d'œuvre, tels que des vers extraits des cannes à sucre, salées, des limaces marines, des chrysalides frites à l'huile de Palma-Christi, des boulettes de nageoires de requin, des pattes d'ours et autres viandes fortement épicées et remplies d'ail, à dessein d'aiguiser l'appétit, le premier service étale ses nombreux ragoûts ou plutôt ses potages, car chacun d'eux nage dans des flots de jus, et est servi pour cette raison dans des bols, où chaque convive le pêche avec deux petites baguettes d'ivoire, que l'habitude a rendues aussi commodes que nos cuillers et nos fourchettes. Parmi nombre de mets qui nous sembleraient extraordinaires et révoltants, comme on le voit par quelques uns que nous venons de citer, je ne puis passer sous silence la soupe au lait et au sang de jument, ni le fameux nid d'hirondelle, qu'on mange ordinairement candi et qu'on fait venir à grands frais de Java. Le non moins célèbre cuir japonais mérite bien aussi un mot d'observation. C'est une délicatesse fort recherchée des Chinois, et dont la coriacité ébranlerait les dents européennes les mieux enracinées. Séchée d'abord, puis ensuite détrempée, cette espèce de viande se sert, comme le reste, avec une sauce noire et fort abondante, ce qui est insupportable aux Anglais et aux autres amateurs de *roast-beef*.

En opposition à nos usages, ces mets froids se prennent avec toutes boissons chaudes, qu'on tient dans des aiguières d'argent. Tantôt c'est une bière faite d'orge ou de riz, tantôt c'est un vin tiré des haricots du Japon, de la couleur du madère, dont il a un peu le goût; mais la boisson de préférence et la plus habituelle, c'est le thé, que boivent avec la même prédilection le fils du ciel ou l'empereur et le dernier de ses sujets, aussi bien dans le cours de leurs repas que dans les intervalles qui les séparent.

A ce premier service en succède un second, auquel l'usage défend de toucher. Il consiste en différents bols placés en pyramide, où fument des mets stimulants destinés à éprouver l'appétit. Personne n'en voulant accepter, on sert les salades, dont la meilleure est celle des jeunes rejetons du bambou, et les compotes, pour lesquelles les cuisiniers chinois ont un grand talent. Alors vient le riz, qui se mange aussi avec les baguettes, non pas grain à grain, mais plutôt par poignées, car il est épais comme le pilau des Turcs. Jusqu'ici leurs festins les plus magnifiques ne seraient certainement pas du goût européen, mais leurs desserts nous consoleraient. Rien n'est plus ravissant à l'œil et à l'odorat. Aux odeurs nauséabondes qui ont pu s'exaler précédemment succèdent des parfums exquis; les assiettes, couvertes des plus beaux fruits, des pâtisseries les plus délicates, sont entremêlées de vases de fleurs, et les serviteurs de la maison vous présentent des serviettes imprégnées d'essence de roses, qu'ils renouvellent fréquemment. Reste à savoir si nous trouverions cela en harmonie avec les meilleurs mets.

Après le dessert on passe au salon, où le thé a été préparé, mais un thé de beaucoup supérieur à celui qui se sert pendant les repas. Il ne se fait point dans des théières, mais s'infuse séparément dans chaque tasse, qui a un couvercle pour prévenir l'évaporation. Le thé se prend toujours sans lait ni sucre, comme les Arabes, les Turcs et les Vénitiens prennent le café, ce qui témoigne de son agréable saveur naturelle.

Les repas de chaque jour sont beaucoup moins différents des nôtres, et le riz, ainsi que le maïs, blé de Tartarie, en forment une partie plus intégrante et plus indispensable. Les pauvres ne mangent que fort peu de viande, et c'est toujours du porc ou de la volaille, surtout des oies et des canards. Quelquefois ils y ajoutent la chair des chiens, des chats et des rats; mais ils ne goûtent jamais de bœuf, de mouton ou de veau, parce qu'il faut pour cela une permission de l'empereur, qui ne l'accorde que difficilement, même aux riches, peut-être à cause de la rareté du bétail. D'ailleurs ils sont presque tous de la religion de Boudha, qui leur défend l'usage de la viande, et leur sensibilité naturelle les fait répugner à tuer des animaux qui les aident dans leur travail : peut-être qu'ils ont moins d'estime pour les trois sortes d'animaux dont nous avons parlé ci-dessus. Ils ne boivent jamais de lait : ils ne le croient bon qu'aux petits de tous les animaux, et non point à des êtres formés; ils ne s'en composent point de beurre non plus, qu'ils ne connaissent peut-être pas ; mais l'huile de sésame leur en tient lieu.

Les aliments des Chinois de toutes classes, et surtout des classes pauvres, consistent donc en poissons, dont leurs rivières abondent, et en légumes, dont leur industrie leur fait obtenir plusieurs récoltes chaque année. Le chou blanc semble être celui qu'ils affectionnent le plus; ils le vendent au marché tout préparé et salé, comme la choucroute des Allemands.

Les Chinois remplacent le pain par des espèces de gâteaux, et l'on peut dire qu'en général ils font une grande consommation de pâtisserie. Ils y emploient, non la farine du froment, mais celle du riz, qu'ils mêlent à la chair du porc, ou aux compotes de fruit. Ils lient leur pâte avec du saindoux.

Les gens aisés sont très adonnés aux plaisirs de la table, et dépensent beaucoup d'argent pour se procurer des raretés. Les vins de France leur plaisent peu, excepté celui de Champagne, qui est plus liquoreux. Par cette raison ils préfèrent aux autres les vins d'Espagne et le muscat de Frontignan. Mais patience! qu'on les laisse prendre goût aux vins d'Europe en général, et il en sera comme pour l'opium, ils les rechercheront avec fureur, car la sobriété n'est en cela pour rien. Les Chinois, comme nous l'avons déjà vu, n'ont jamais essayé de faire du vin avec leur propre raisin, parce qu'il y a un ancien édit impérial qui s'y oppose. Aussi, s'ils s'en avisent un jour, ce sera encore une raison de plus pour l'excitation de leur goût pour la liqueur de Bacchus.

Si les riches dépensent beaucoup pour leurs aliments, les pauvres, dans cet heureux pays, se nourrissent à beaucoup meilleur marché qu'ailleurs. Il y a dans presque toutes les rues des cuisines ambulantes, où cuisent ensemble dans de vastes chaudières différentes viandes et légumes, du riz, du poisson, etc., dont un homme peut se rassasier pour moins de dix centimes de France. Ces gens-là, comme on le voit, sont à l'abri de la cherté des grains.

Il y a quelques endroits de ce genre où les plus misérables sont servis gratuitement aux frais du gouvernement. Là aussi on leur donne le thé et la bière tout bouillante, car ils n'ont aucune idée de boire froid, ce qui n'est guère propre à leur faire un bon estomac. Les agriculteurs prennent les plus grandes précautions pour conserver chaude la boisson qu'ils emportent aux champs. Cependant, lors des grandes chaleurs de l'été, les gens opulents prennent des glaces et des sorbets; mais peut-être parce que ces choses se mangent plutôt qu'elles ne se boivent, car leur goût semble bien décidé là-dessus, ou, pour mieux dire, leur opinion hygiénique.

CHAPITRE XX.

MÉLANGES.

Les usages et les coutumes d'un peuple qui n'a jamais été en communication avec nous ne peuvent nous être indifférents, tant qu'ils soient pareils, tant qu'ils soient différents des nôtres.

LA CHASSE.

Les Chinois ne connaissent point la chasse comme divertissement. Chez eux c'est une industrie, un moyen pénible et souvent périlleux de gagner sa vie. La chasse, telle que nous l'entendons, c'est-à-dire dans les bois, les plaines ou les montagnes, a rarement pour objet les lièvres, dont cependant le nord de la contrée abonde. Cet animal, au pied fourchu, y a les jambes beaucoup plus longues qu'en Europe et les pattes plus larges; sans doute, la nature très prévoyante l'a fourni de ce moyen afin qu'il ne s'enfonce point dans les neiges. Son poil, brun ou rougeâtre en été, a cette particularité qu'il blanchit pendant l'hiver. La chasse est plus souvent dirigée contre les loups, les ours, les tigres, et surtout les éléphants, qui procurent l'ivoire, et dont on mange la chair avec plaisir lorsqu'elle a été salée et fumée, ou simplement séchée au soleil. Ces chasses n'ont lieu qu'en Tartarie et dans les provinces qui l'avoisinent, le midi étant beaucoup trop peuplé et trop bien cultivé, ce qui empêche qu'on y rencontre de ces animaux.

La véritable chasse du pays se passe sur l'eau; elle est dirigée contre les poissons et les oiseaux aquatiques. Ce serait une pêche, si elle se faisait toujours, comme c'est souvent le cas, avec des filets et des hameçons. Il serait inutile de nous y arrêter; mais on y emploie les piéges et les oiseaux pêcheurs d'une façon singulière, qui mérite quelques détails.

Les hommes chassent les oiseaux aquatiques, qu'ils trompent au moyen de jarres et de calebasses qu'ils laissent flotter sur l'eau jusqu'à ce qu'elles soient devenues familières à l'oiseau; lorsqu'il semble s'en approcher sans crainte, le chasseur s'élance dans l'eau avec un vase semblable sur la tête, s'avance doucement vers lui, l'étrangle, le met dans son havre-sac sans bruit, pour ne point épouvanter les autres, et il continue sa chasse.

LA PÊCHE.

Les poissons sont confiés à l'oiseau pêcheur qu'on appelle *leutze* en chinois, et que nous connaissons sous le nom de cormoran, comme les naturalistes sous celui de *pelicanus sinensis.* Le cormoran est de la grosseur de l'oie; il a le plumage gris, les jambes et le cou très longs, ainsi que le bec, qui est, de plus, recourbé à la pointe.

Le cormoran fait son nid parmi les roseaux; il vole et plonge avec rapidité; il a de la ruse et de l'intelligence, ce qui ne l'empêche pas d'obéir à son maître avec la soumission du chien. Cet oiseau est si bien dressé, qu'au signal donné il s'élance dans l'eau, d'où il ressort rarement sans sa proie. Quand le poisson se trouve trop lourd pour qu'il puisse le ramener seul, un autre cormoran le vient aider.

Les oiseaux novices, ceux qui font leur apprentissage, ont autour du cou un anneau qui s'oppose à ce qu'ils avalent leur proie; on le leur retire quand on les croit suffisamment exercés, car alors il n'y a plus aucun risque.

LES NOMBRES 9 ET 5.

Les nombres 9 et 5 semblent avoir pour les Chinois quelque chose de sacré, et non une simple prédilection. C'est peut-être pour cette raison qu'ils ont donné neuf grades à leurs mandarins. Ils prétendent que la tortue mystérieuse avait neuf signes principaux sur son écaille; que le cinquième était au milieu, et que les autres étaient rangés autour comme de moindre importance. La grande cérémonie faite à l'empereur appelée ko-tou porte neuf génuflexions. Toutes les divisions qu'ils ne peuvent conduire jusqu'à neuf, ils tâchent au moins de les faire aller jusqu'à cinq. C'est ainsi qu'ils ont cinq éléments (comme nous avons vu au chapitre instruction et siences); cinq points cardinaux (qui sont les nôtres, auxquels ils ajoutent le centre); cinq notes de musique (le *la* et le *si* sont celles qui leur manquent); cinq parties vitales (l'estomac, le foie, le cœur, les poumons et les reins); cinq vertus mères (la justice, l'humanité, la décence, la probité et la constance); cinq couleurs, cinq saveurs, cinq époques, etc., etc., car que ne partagent-ils point en cinq? Il en est du reste à peu près de même chez nous, pour le nombre trois, que nous retrouvons dans la plupart de nos classifications. Il est remarquable, par exemple, que le neuf a toujours été un chiffre favori dans les contrées régies despotiquement. On en trouve en Afrique, au Mogol, en Perse et aux Indes.

EMBLÈME DU BONHEUR.

La chauve-souris, et plus souvent encore un

vieillard en compagnie d'un jeune enfant, voilà l'emblème sous lequel les Chinois représentent le bonheur, dont les conditions premières sont : la longévité, les emplois, et la postérité mâle.

CORVÉE ET CARAVANES.

Les bateaux du gouvernement sont tirés le long des fleuves à force de bras. C'est une corvée qui pèse sur tous les riverains. On les emploie pendant douze heures consécutives, sans leur laisser le moindre repos ni le temps de se rafraîchir, quoiqu'il y ait dans le nombre bien des individus qui ont passé l'âge de travailler, ou qui ne l'ont pas encore atteint.

Les particuliers font traîner leurs coches d'eau par des buffles, mais jamais par des hommes, ainsi que leur gouvernement, ni par des chevaux comme en Europe. Dans l'intérieur du pays, quand il s'agit de grands fardeaux, tels que le bois, le charbon, le grain, les transports se font, surtout dans les parties montagneuses, à dos de chameaux et de dromadaires ; souvent on en rencontre des caravanes composées de plusieurs dizaines.

QUEUES DES CHINOIS.

Les Chinois se servent de leurs queues en toutes circonstances. Lorsqu'elles sont longues, elles deviennent pour eux des balais, des plumeaux, des fouets; ils ne font pas difficulté de s'en servir pour épousseter les meubles, et bien plus encore pour donner la chasse à leurs cochons et à leurs brebis. Ils en font aussi des farces : j'ai vu un dessin représentant trois paysans qu'on avait attachés ensemble par leurs longues tresses, pendant qu'ils discouraient. Dans leurs rixes la queue joue encore un grand rôle; chaque combattant cherche toujours à saisir celle de son adversaire, qui alors est incapable de se défendre plus long-temps.

MODE DES LOCATIONS.

Toutes les locations de terres, de maisons ou de boutiques, se font à bail, dont la longueur varie. Le propriétaire et le locataire échangent un écrit, où le premier s'engage à laisser la jouissance de son bien, un tel nombre de mois ou d'années, à condition qu'on observera les conventions faites; tandis que, de son côté, le locataire promet, outre le loyer, de payer annuellement deux dollars pour *les souliers*. C'est une expression qui répond aux pour-boire qu'en Europe on donne aux hommes, et aux épingles des femmes. Cet usage est venu de ce qu'en Chine ce ne sont point les locataires qui se dérangent pour payer leurs termes, mais les propriétaires qui les recueillent eux-mêmes, et auxquels on devrait une indemnité pour la peine qu'ils prennent. Ce nom d'*argent des souliers* s'est, par extension, trouvé appliqué à tous les profits, à toutes les bonnes mains en général, et l'on doit convenir qu'il y a dans cette appellation quelque chose de plus modeste et de plus sobre que dans celle de pour-boire.

Les loyers se paient par mois, par trimestre, et plus souvent encore tous les quatre mois; mais toujours par avance. Sur le premier paiement, on déduit les arrhes qui avaient été donnés par le locataire, lorsqu'on était entré en arrangement: car, à l'exemple des Turcs, les Chinois ne se croient liés à rien tant qu'ils n'ont point reçu d'arrhes; ils en exigent dans les plus petites affaires comme dans les plus importantes, même dans leurs fiançailles.

RÉCHAUDS PORTATIFS.

Dans les temps froids, tous les habitants, hommes et femmes, portent, en guise de manchons, de petits fourneaux de cuivre bronzé, sans lesquels on les voit rarement dehors, ce qui donne un air mesquin et ridicule aux hommes, plus encore qu'aux femmes.

ETIQUETTE DES BANQUETS.

Dans les festins, c'est toujours le maître de la

maison qui doit placer sur la table le premier plat et le remporter. Cette dernière cérémonie accomplie, un des convives se lève, fait le tour de la salle et boit à la santé des commensaux, adressant à chacun quelque compliment en vers.

Quand l'amphitryon craint de n'avoir pas, parmi ses convives, une personne capable de remplir avec honneur cette étiquette, il s'assure de quelque bel esprit; car quelle mine aurait un banquet s'il ne s'y asseyait au moins un poëte !

Après ces grands festins, le meilleur compliment que les convives puissent faire à leur hôte, c'est de témoigner une grande réplétion d'estomac. Les signes les moins équivoques, les plus apparents, sont les mieux reçus; s'il y a indigestion complète, on a atteint le plus haut degré de la politesse. Il n'y a pas long-temps que les Anglais de la plus haute classe ne sortaient de leurs banquets et de leurs grands repas qu'à moitié ivres.

Les physionomies, les couleurs de la peau, les usages, les religions varient, mais les passions des hommes ne changent jamais.

LE VIF ARGENT.

Tout en considérant le vif argent comme un spécifique dans plusieurs maladies, les Chinois ne l'emploient qu'avec crainte et circonspection ; car ils sont persuadés qu'il détruit les forces viriles d'un sexe et rend l'autre stérile. Peut-être ne se trompent-ils point : le vif argent pénètre partout et agit puissamment sur les nerfs.

CADEAUX.

Les Chinois, sans connaître notre proverbe que les petits cadeaux entretiennent l'amitié, ont toujours eu du penchant à faire et à recevoir des présents. Ils tiennent surtout au don de quelque objet que la personne a employé à son propre usage, et le conservent en souvenir d'elle. L'enveloppe de ces cadeaux est surtout riche et soignée. Elle surpasse souvent en valeur l'objet qu'elle recouvre : l'extérieur et les apparences sont si fort appréciés en ce pays-là.

La personne de tout l'empire qui reçoit le plus de présents, c'est l'empereur. Dans tous ses palais, dont la plupart sont en Tartarie, berceau de la race actuelle, il y a une salle publique dont le centre est occupé par un tronc où les visiteurs déposent leurs offrandes au souverain. Quelques unes sont venues à grands frais de l'Europe, qui a fourni tant d'objets rares et curieux qui ornent les résidences impériales. L'intérêt ou l'affection n'est souvent pour rien dans ces cadeaux ; c'est un usage, et chacun s'y conforme, plutôt pour ne se point rendre ridicule que par tout autre sentiment.

LES FEMMES ÉTRANGÈRES.

Les dames d'Europe et d'Amérique qui ont eu le courage et le dévoûment d'accompagner leurs maris en ces parages lointains n'ont jamais obtenu la faveur d'aborder même à Canton; toutes ont dû s'arrêter à Macao. Les Chinois, qui redoutent déjà les étrangers, ont une bien autre crainte des femmes; ils ne se croient pas assez forts pour résister à la séduction de leur amabilité et de leur grâce. Que deviendraient leurs harems si les dames chinoises se trouvaient malheureusement en contact avec des européennes ou avec des créoles!

Les résidents à Canton qui ont amené avec eux leurs familles ont été obligés par conséquent de les laisser à Macao, où les maris vont passer les mois d'été.

IDÉES GÉOGRAPHIQUES.

Les Chinois n'admettent en leur géographie que les pays dont ils ont vu les vaisseaux; ainsi, pour eux point d'Italie, quoique la plupart des missionnaires qui les ont visités fussent de cette nation. L'Europe ne se compose, à ce qu'ils croient, que de Hollandais, de Portugais, d'Espagnols, de Français et d'Anglais. Quant à la position de ces différents peuples, ils sont fort peu exacts; ils placent notre continent tout entier au dessus de l'Afrique, qu'ils mettent sur la même ligne que la Sibérie. Les Russes, dans leur opinion, ne sont point des Européens, parce qu'ils pénètrent chez eux par une autre route que les autres. Les Suédois et les Allemands ne sont point encore découverts. Quant aux Américains, ils sont à cette extrémité de la terre où nous avons déjà vu que l'on court, selon eux, grand risque de s'engloutir dans l'espace.

Les jésuites, qui ont rendu tant de services à la Chine et qui s'étaient imposé la tâche de l'éclairer, n'ont point été sans donner des notions plus justes sur la géographie; mais la politique du gouvernement s'est opposée à ce qu'elles fussent répandues parmi le peuple, et se les est réservées exclusivement. L'empereur et ses principaux mandarins savent sans nul doute à quoi s'en tenir sur la configuration de notre globe.

TRAVAIL DES ENFANTS.

Aussitôt que les enfants du peuple ont acquis quelque force physique et que se manifeste le développement de la première intelligence, le mandarin en chef de la localité s'entend avec les pères pour diriger leurs enfants aux besoins de l'agriculture et des manufactures. Habitués de bonne heure au travail, ils deviennent bientôt utiles à leurs parents et à la société.

CLARIFICATION DE L'EAU.

Quoique les Chinois ne soient pas de grands buveurs d'eau, ils savent fort bien la clarifier. Ils y parviennent avec une certaine quantité d'alun, qui, étant remué jusqu'à son entière dissolution par un jonc de bambou, précipite au fond du vase les impuretés dont le liquide était chargé.

SONNEURS PUBLICS.

Il y a en Chine des hommes dont l'unique emploi est de faire les fonctions d'horloges. Ils guettent la marche du temps pour en informer le public. Placés à l'endroit le plus élevé du quartier ou de la commune, et guidés par un bon sablier ou un clepsydre, ils frappent les heures, les demies et les quarts avec un maillet de bois sur une cloche de métal.

Les Français, contre l'usage des autres pays de l'Europe, ont leurs horloges qui ne sonnent l'heure qu'au moment précis; à tous les quarts et aux demies ils ne répètent jamais l'heure, de manière qu'on peut passer fort long-temps, et même deux heures, sans savoir l'heure qu'il est.

La nuit, ces sonneurs ne quittent point leurs

postes, où ils se relaient. Ils servent encore à donner l'alarme en cas d'incendies ou d'autres accidents, car du haut de leurs vedettes la vue peut s'étendre au loin.

ENCRE.

L'encre de la Chine, qui jouit d'une si grande réputation, n'est pas tirée, comme on le supposait, de la sèche, mais de la suie, à laquelle on fait subir une préparation. On parfume l'encre avec du musc, pour lui donner une apparence précieuse, le musc étant une chose rare.

LES CANARDS.

Ils composent la volaille la plus recherchée par les Chinois, peut-être à raison de ce qu'ils leur coûtent moins de soins et de frais, les nombreux canaux qui coupent le pays leur offrant partout une nourriture facile. Les canards se vendent au poids, comme nos viandes de boucherie et comme toutes les autres provisions en Chine. On les conserve salés et fumés, comme nous faisons des jambons.

Les Chinois ont découvert dans les canards une certaine intelligence; ils les dressent de façon qu'à un coup de sifflet ils accourent à la maison des différentes eaux sur lesquelles ils s'étaient répandus. Mais chez nous aussi nos paysannes appellent la volaille, qui accourt de loin à leur voix.

PRÊTRES MENDIANTS.

Les prêtres de Boudha, n'étant point salariés par le gouvernement, sont souvent obligés de faire des quêtes chez les particuliers. Ils sont dans l'usage d'écrire quelques mots de reconnaissance sur la maison de celui qu'ils ont trouvé généreux.

Lorsqu'ils ont reçu quelque service important, les Chinois font généralement exécuter le portrait du bienfaiteur pour le placer dans leur chapelle domestique, où ils vont le saluer par une génuflexion avant chaque repas. De cette manière ils ne peuvent jamais oublier celui qui leur a fait du bien. On ferait très bien d'adopter cet usage chez nous aussi.

UN NÈGRE.

Ce qui prouve que tout en faisant le commerce de Macao et des Manilles, les Espagnols, les Portugais et les Hollandais n'avaient jamais pénétré dans l'intérieur du Céleste-Empire, c'est l'étonnement qu'y causa un nègre de la suite de lord Macartney, en 1793. Les Chinois n'en avaient jamais vu auparavant, et il fut l'objet d'une grande curiosité. Cependant, non loin de là, dans les îles qu'on leur avait livrées, les étrangers en employaient un nombre considérable à la culture des terres. On doit attribuer cette grande curiosité à ce que lord Macartney avait traversé l'intérieur de la Chine; il est certain qu'à Can-ton ce nègre n'aurait pas excité une si grande curiosité. Les Espagnols et les Portugais, dans les équipages de leurs vaisseaux, auront certainement conduit en Chine des nègres.

LES GUERRES.

Les Chinois croient que les guerres sont, comme les maladies épidémiques, envoyées par la Providence pour mettre en proportion les vivres et la consommation. Quelle idée de la Providence!

LE SAVON.

Les Chinois ne font jamais usage de savon par l'excellente raison qu'ils n'en ont point, et ils n'en éprouvent pas le besoin, car ils n'ont pas de linge. Néanmoins nous leur reprocherons leur incurie à ce sujet. Un peuple tant soit peu propre trouve bien vite quelque moyen de dégraisser efficacement ses habits ainsi que sa personne.

Heureusement les Chinois ne peuvent souffrir le

blanc, qu'ils réservent au deuil par ce même motif. Dans ce costume, ils sont dégoûtants à voir : le cérémonial leur prescrivant d'éviter tout soin et toute recherche. Qu'on juge combien ils doivent être sales!

LES MARCHANDISES.

En Chine les négociants se chargent toujours de l'envoi des marchandises qu'ils ont vendues. Ils les mettent en paquets bien emballés et sans aucune augmentation de prix. Il n'est pas rare que l'enveloppe porte l'inscription de quelque maxime relative au commerce. Souvent c'est l'une de celles qui se lisent sur la boutique; par exemple : « Ici, l'on ne » trompe personne » ; ou bien : « Ici, l'on ne fait » pas de crédit » ; etc.

Les magasins déploient un si grand luxe, qu'on ne comprend pas comment les gains du commerce les peuvent défrayer. On pourrait dire de même pour Paris.

DÉCENCE EXAGÉRÉE.

Les Chinois, dans leurs robes larges et flottantes, cachent tout à fait les formes du corps humain. C'est pour cet usage qu'il n'y a pas une grande différence entre les vêtements des deux sexes. La pudeur et la modestie s'offensent de nos tableaux, de nos statues, qui imitent la nature. Les Chinois poussent cette modestie jusqu'à défendre que les draperies mêmes suivent les formes du corps de l'homme. C'est avec cette décence exagérée qu'on a retardé parmi eux les progrès de la peinture et de la sculpture; c'est cette modestie qui a plu aux missionnaires. Si nous arrivions dans un pays où les femmes eussent des pantalons collants au lieu de jupes, nous serions peut-être scandalisés, nous la trouverions une mode indécente.

Lorsque les Chinois font des figures qui représentent les Européens, ils les considèrent comme des caricatures, comme nous voyons des silhouettes de monstres fantastiques que nous approprions aux diables que nous ne connaissons pas. Les Chinois représentent le diable habillé à l'européenne. Avec cette idée on peut bien s'imaginer quelles impressions auront faites en Chine les soldats et les marins anglais dans la dernière guerre.

A dix ans une fille de bonne famille ne sort plus seule de son appartement, ni ne paraît dehors que la tête voilée. Rien ne lui est plus commun avec ses frères; ils ne peuvent lui présenter la moindre chose sans l'intermédiaire d'une corbeille ou d'un plateau, et jamais de la main à la main, ce qui ne se fait point entre personnes de différents sexes.

VÊTEMENTS DE ROSEAUX.

Les marins, les paysans, les ouvriers, tous ceux qui sont obligés de travailler en plein air, ont des jupes, des pèlerines et des chapeaux de roseaux, sur lesquels la pluie glisse comme sur les plumes des oiseaux aquatiques; de cette manière ils peuvent braver le mauvais temps sans risque de se mouiller.

LES OEUFS.

Les Chinois font éclore les œufs par la chaleur factice de fourneaux placés sous des tables de métal où les œufs sont placés. Ce procédé est infiniment plus simple que les fours que les Égyptiens mettent au même emploi.

POMPES A INCENDIES.

Elles sont aussi communes que chez nous, et quand il y a le feu quelque part, tous les employés publics sont tenus de s'y rendre avec leurs pompes.

MODE.

En Chine on ne comprend pas la mode comme nous; elle est la copie exacte des meubles et des costumes, et non pas le changement et les inventions nouvelles. On décore en Chine les appartements et l'on s'y habille aujourd'hui comme il y a cent ans. La seule variation a eu lieu au moment de la conquête, et l'on sent bien que la fusion de deux peuples aussi différents n'aurait pu s'opérer si aucun n'eût voulu relâcher un peu de ses habitudes.

LES BROUETTES.

Les brouettes sont généralement à une roue et à deux brancards, derrière et devant. Deux hommes les mettent en mouvement; l'un traîne, tandis que l'autre pousse; la roue est au milieu. Ces brouettes ont de plus une petite voile de bambou, qu'on déploie au plus léger vent. Il y en a encore à deux roues lorsqu'elles contiennent plusieurs personnes.

Ces brouettes transportent les femmes et les enfants de ceux qui n'ont point de palanquins. On en rencontre une grande quantité dans les rues de Can-ton. Nous avons déjà vu qu'on s'en sert aussi en voyage.

GOUT IMMONDE.

On assure que les Chinois avalent avec plaisir les puces et les poux qu'ils peuvent attraper; cela nous semble incroyable et révoltant; mais ne voyons-nous pas chez nous journellement des amateurs de fromage fermenté sur lequel des vers visibles à l'œil courent en tous sens? N'avons-nous jamais lu que certains peuples, par respect pour leurs parents, mangent leurs cadavres afin de les préserver de la décomposition, de ne pas les laisser dévorer par le feu, et de se les incorporer ?

Il ne faut jamais s'étonner des habitudes et des goûts des hommes en tout ce qui est aliment, quelque ridicules ou révoltants qu'ils soient.

PUITS.

En Tartarie l'eau est dans des puits, et pour l'en tirer on se sert de seaux d'osier, dont chaque brin est si bien entrelacé que pas une goutte d'eau ne s'échappe.

FRAÎCHEUR DES APPARTEMENTS.

Les Chinois entretiennent la fraîcheur dans leurs appartements pendant les chaleurs étouffantes de l'été en y établissant partout des courants d'air au moyen de soufflets à piston qui produisent un vent continuel, et de portes mobiles si bien ajustées que, lorsqu'elles sont tirées en arrière, l'air se précipite dans le vide qu'elles ont laissé à l'intérieur.

ÉCUREUILS ET INSECTES.

Les écureuils sont de véritables rats, et les Chinois n'en connaissent point d'autres. Leurs maisons en sont souvent infestées d'une manière aussi déplaisante que par les nôtres à poil ras.

Le pays étant humide et chaud, on y est tourmenté par les cousins, les maringouins et une espèce de mouche qui a un aiguillon semblable à celui des abeilles; les Chinois la nomment *ichneumon*, comme on nomme en Égypte l'ennemi du crocodile, qui est un quadrupède de la grosseur du chat; cet animal est appelé encore par quelqu'un le rat de Pharaon.

Pour se défendre de ces nuisibles insectes, les Chinois ont des réseaux de gaze, des moustiquaires, dont la finesse du tissu les protége dans leurs appartements.

L'USAGE DE FUMER.

En Chine le goût de fumer est si général, que les femmes et les enfants même y fument. Ce goût ne devrait être pour ainsi dire propre qu'à l'homme oisif et calme, c'est-à-dire à l'homme qui passe de la plus grande activité à l'inaction; dans cette classe nous devons remarquer les militaires et les marins. Je ne sais pas si notre jeunesse élégante, qui vient d'adopter cette mode avec la plus grande passion, pourrait nous persuader qu'elle est plus calme et plus oisive que nos ancêtres.

Quoique les Chinois préfèrent la pipe, ils fument aussi le tabac en cigares; mais alors ils recouvrent le tout d'une feuille de papier pareille à celle qu'ils envoient en Europe, peut-être pour se conformer à notre goût.

LES ARMES ET LES ÉTUIS.

La prévoyance du gouvernement chinois ne permet pas au peuple ni aux militaires de porter des armes, ceux-ci ne les portent que lorsqu'ils sont en service. L'empereur et les mandarins sont les seules personnes qui ont le privilége de porter des poignards et des épées, mais ils les portent plutôt comme ornements que pour s'en servir. A voir les Chinois, on croirait qu'ils sont armés jusqu'aux dents, mais tous les étuis qui pendent à leur ceinture sont des fourreaux d'éventails, des boîtes à tabac, des bourses pour les mouchoirs. Les étuis, pour la même raison, pendent aussi à la ceinture des dames; elles portent, comme les hommes, des bourses, des boîtes à tabacs, des parfums et des éventails.

COULEURS DES HABILLEMENTS ET ESTIME DE LA SOIE.

Les couleurs favorites des dames chinoises sont le vert et le rose, que les hommes ne choisissent jamais. Les robes en soie ne sont, comme chez nous, que pour les femmes riches; elles sont en coton pour les femmes du peuple. La soie est en Chine plus estimée que chez nous; on la regarde toujours comme une chose précieuse. Il y a en Chine un ministre qui a soin de garder les dépôts de soieries du gouvernement; c'est une espèce de trésorier de la soie. L'empereur, dans ses cadeaux, fait mettre toujours des pièces d'étoffe de soie.

Les robes des femmes riches sont à manches larges et longues, de manière qu'on ne voit presque jamais les mains des dames, comme nous avons déjà indiqué ailleurs. Les femmes portent aussi des pantalons larges en satin, qui sont froncés et serrés à gaîne à la cheville.

USAGE DE PATINER ET DE N'ALLER JAMAIS A CHEVAL.

Après l'occupation des Tartares, les Chinois, et particulièrement les courtisans, pour suivre les anciennes habitudes de leurs souverains, ont introduit l'usage de patiner soit sur des traîneaux, soit avec des souliers ferrés. Les Chinois proprement dits n'avaient pas cet usage à cause du climat et par leur nature tranquille et calme. La même nature calme et tranquille fait qu'ils ne montent jamais à cheval; ils voyagent, comme nous avons dit, à pied, en brouette, en palanquin ou sur l'eau. L'exercice du cheval n'appartient qu'aux militaires.

LES JEUX ET AUTRES AMUSEMENTS.

Le jeu n'est pratiqué que par les basses classes; les personnes bien élevées le méprisent et le regardent comme l'allié du vol. Les dés, les cartes, les dominos et les échecs, sont les jeux favoris des Chinois. Les cartes sont plus petites et plus fortes que les nôtres; elles sont peintes de rouge et de noir. Ceux qui ont examiné la collection chinoise de Londres ont pu le remarquer.

Les enfants achètent les fruits en jouant. Par exemple, douze oranges coûtant 30 centimes, le marchand met sur sa table les douze oranges, et y met 15 centimes, moitié du prix qui lui a été donné par l'enfant. Ensuite sont jetés les dés par le marchand et par l'enfant : celui qui a le nombre plus fort emporte le tout.

Les Chinois jouent aussi deux à deux en jetant, chacun avec une main, un nombre de doigts tendus, et en prédisant et en proclamant le numéro qui doit être formé par les doigts tendus des deux joueurs, numéro qui peut varier de deux à dix. Ce jeu, usité en Italie, est appelé *la mora;* les Chinois le nomment *tsee-mee.* Ils s'amusent beaucoup à ce jeu, et ils font beaucoup de bruit en criant ensemble les numéros.

Les enfants chinois s'amusent encore beaucoup aux cerfs-volants, et ils en fabriquent de dimensions gigantesques et de différentes formes. C'est comme les enfants de chez nous.

Le jeu de paume est connu et usité en Chine comme en Europe, mais avec la différence qu'au lieu des mains les Chinois emploient les pieds. Il faut établir que les jeux sédentaires sont propres aux Chinois, ceux de mouvement et d'exercice le sont aux Tartares.

Parmi les amusements des Chinois, il y a le combat des grillons. Deux de ces insectes sont placés dans une espèce de bassin, duquel ils ne peuvent pas sortir; alors ils sont irrités avec un brin de paille. Il faut croire que ces animaux soient de leur nature irascibles, car ils s'attaquent avec la plus grande violence, et le combat ne cesse que par la mort d'un des deux. La prédilection des Chinois pour les combats de grillons peut être comparée à celle qu'on a pour les combats des coqs en Angleterre. L'homme est partout brutal, cruel, égoïste, même dans ses amusements.

MARQUES D'ESTIME ET DE RESPECT EN CHINE.

Les hommes corpulents sont particulièrement estimés en Chine; une figure charnue et luisante inspire le respect et la vénération. La barbe et les moustaches sont un privilége de la vieillesse. Chez nous autrefois la barbe était une marque distinctive du sacerdoce, et les moustaches une prérogative des militaires. Celui qui cherchera dans l'Encyclopédie le mot *barbe*, trouvera une preuve des caprices et des extravagances de l'homme.

Le chapelet attaché au cou et qui tombe sur la poitrine, composé de neuf douzaines de grains, est une distinction des mandarins ou des personnes obligées d'être comptables pour le service du gouvernement.

La tête découverte est en Chine l'apanage de la grandeur; couverte, elle signifie respect et humilité. Nos rois restent couverts, mais les courtisans sont tête nue.

Les femmes, au contraire des hommes, ne doivent être jamais corpulentes et grasses. La femme en Chine, comme chez nous, doit être leste, délicate, blanche, avoir la main petite, les doigts effilés et un petit pied.

MENDIANTS.

Les mendiants, en Chine, demandent l'aumône en sonnant une petite clochette ou en soufflant dans une petite trompe.

Mais, comme nous avons remarqué ailleurs, en Chine il y a le système patriarcal qui s'oppose à la mendicité. Les parents, si éloignés qu'ils soient, ne laissent pas dans l'indigence un individu qui porte leur nom et qui est de la même famille. Dans le nombre il y a toujours quelque parent aisé qui peut secourir le parent malheureux et le soustraire à l'humiliation de mendier.

Les mendiants de la Chine sont des paresseux, des hommes indépendants, des fous, qui préfèrent à toute autre vie celle de mendier.

TOLÉRANCE RELIGIEUSE ET DESPOTISME.

Le despotisme et la tolérance religieuse ne fraternisent qu'en Chine. Ce monstrueux amalgame est celui qui rend si différent des nôtres le système gouvernemental de la Chine. C'est peut-être à ces deux forces opposées qu'on doit l'immobilité et l'interminable durée du gouvernement chinois. En Chine, comme on l'a vu ailleurs, chacun adore Dieu à sa fantaisie ; il n'y a pas d'exemple de guerres de religion dans ce vaste et beau pays, comme nous en avons vu, même de nos jours, dans nos pays civilisés. L'empereur Yong-tching, le troisième des Tching, qui monta sur le trône en 1722, fut tolérant et philosophe comme son prédécesseur, le fameux Kang-hi. Cet empereur disait que tout le monde adore la Divinité, mais que chacun a ses formules particulières. Il permettait tous les cultes lorsqu'ils ne troublaient pas l'ordre de la société. Il n'était pas content du catholicisme, parce qu'il mêlait les deux sexes dans les temples, parce qu'il faisait, disait-il, perdre du temps inutilement à ses prosélytes en prières, particulièrement aux femmes, qui, plus faibles, sont toujours plus disposées à la dévotion.

LOIS CONTRE LES ÉTRANGERS.

Loin de voir, comme presque tout le monde, une preuve de rudesse, d'ignorance et de barbarie dans la loi qui s'oppose à l'admission des étrangers dans le Céleste-Empire, je crois plutôt y reconnaître un acte de sagesse et de morale. Les empereurs, dans la crainte que les Chinois ne se corrompissent, leur ont défendu de communiquer avec les étrangers. Les censeurs, trouvant dans ceux-ci des principes, des penchants, qui ne convenaient point à leur justice, à leur philosophie, n'ont pas fait d'opposition.

Les étrangers, d'abord, furent reçus en Chine sans aucune restriction, ils pouvaient y trafiquer, y faire leur commerce librement; mais le gouvernement chinois se trouva au milieu des troubles et des intrigues excitées par la jalousie des gouvernements d'Europe. Les Hollandais ne voulaient ni des Portugais ni des Espagnols. Dernièrement les Anglais ne voulaient ni les Français ni les Américains. Ce furent les diatribes, les vexations, les scandales des étrangers, qui provoquèrent l'isolement des Chinois. Les menées des négociants étrangers qui arrivaient en Chine n'avaient d'autre but que de se nuire réciproquement. Les Chinois en étaient scandalisés, et ils prenaient une mauvaise opinion du caractère des habitants de nos contrées. L'empereur commença à réfléchir sur notre religion, qui d'abord lui avait paru si belle, si pure, si morale. Il était tout surpris de voir des chrétiens braver les lois d'un pays et faire la contrebande de l'opium, qui du reste ne montait pas à moins de 20 millions de piastres par an.

Les mandarins disaient : « Hélas! à quoi donc » servent les efforts des missionnaires contre l'avi» dité du commerce de leurs coreligionnaires? Les » exemples qui sont donnés aux néophytes qui dé» sirent se convertir sont un obstacle à leur persua» sion. On ne peut pas prêter croyance aux paroles » des missionnaires, lorsqu'on voit trop clairement » qu'ils sont impuissants contre les mauvais pen» chants et les sordides passions. Lorsque la con» duite des chrétiens qui visitent la Chine sera bon» ne, lorsque les missionnaires pourront présenter » des modèles de vertu, alors la religion du Christ » aura des prosélytes et se répandra en Chine. Les » chrétiens qu'ils nous ont fait voir jusqu'ici nous » gâtent notre peuple. Pour l'amour du bon ordre et

» de la morale, il faut que nous éloignions ces étran- » gers corrompus; il faut leur défendre de commu- » niquer avec les nôtres. »

Qu'opposer à ce raisonnement? Que répondre à des remarques si sages?

Les hérétiques qui vont à Rome tiennent à peu près le même discours. Si la population de Rome, disent-ils, nous présentait un modèle de vertu et de bonheur, le catholicisme serait admiré et honoré; mais le peuple de Rome, malheureusement, ne présente que de l'ignorance et de la superstition; il est turbulent, sanguinaire, oisif, sans industrie, malpropre, couvert de guenilles, misérable.

LA CONTREBANDE.

La contrebande, qui s'est faite presque impunément par les Anglais en Chine, particulièrement sur l'opium, est au delà de toute imagination. Macao, Can-ton, Amoy, l'île de Formose, étaient des repaires de contrebandiers. On prétend que la contrebande de l'opium se montait à 20 millions de piastres par an. Les Chinois, pour avoir de l'opium, sacrifiaient des sommes immenses en le payant des prix fous. Ceux qui ont vécu dans le temps du blocus continental de l'empereur Napoléon peuvent avoir un échantillon de la force puissante des habitudes des hommes. Les Européens, ne pouvant se passer des denrées coloniales, particulièrement du café et du sucre, les payaient quatre à cinq fois plus cher que les prix ordinaires. Les mers de l'Europe alors, comme celles de la Chine avant la guerre des Anglais, étaient remplies de contrebandiers. Comme on a déjà vu, on ne pouvait pas faire pour l'opium l'échange des marchandises; on le payait argent comptant, et, pour cette raison, les Chinois ramassaient les piastres d'Espagne pour le payer.

MALADIE DU GOITRE ET DE SES EFFETS.

Dans les vallées de la Tartarie la population est attaquée de la maladie qui afflige nos habitants des Alpes, connue sous le nom de *goître*, de ganglion (*gozzo*). Un médecin de l'Europe, qui a visité la Chine, a remarqué qu'un sixième de la population tartare en était attaquée, et que les femmes surtout y sont plus sujettes. La plus grande partie des personnes affligées de cette maladie y sont regardées comme incurables et considérées comme sacrées par leurs familles, qui les entretiennent avec un soin particulier. Les Tartares et les mahométans les regardent presque comme des *bienheureux* favorisés par la Divinité, car ces malheureux, pour les nommer par leur vrai nom, suivant l'opinion de ces peuples, sont des hommes qui se trouvent dans l'impossibilité de faire le mal. Que dire du bonheur réel des idiots, de cette grande estime dont ils sont entourés en Orient? L'esprit et l'intelligence seraient-ils un don funeste pour l'homme, qui ne servirait qu'à l'éloigner de la vertu et des bonnes actions?

Sur la maladie du goître les médecins d'Europe sont d'accord pour la regarder comme produite par la boisson de l'eau de neige.

PALAIS DES EMPEREURS ET CADEAUX.

Dans toutes les notices que j'ai recueillies sur la Chine, je n'ai jamais trouvé que les empereurs aient visité le midi de cet empire. Depuis que la vingt-deuxième dynastie des Tssing, qui règne encore aujourd'hui, est montée sur le trône, les empereurs ne s'éloignent de la capitale que pour aller en Tartarie. C'est dans le pays natal qu'ils ont leurs palais de campagne. Il y en a plusieurs; il y en a jusque sur le sommet des montagnes les plus élevées; il y en a d'autres placés dans les endroits les plus sombres des profondes vallées. Chacun diffère pour la construction; mais le plus magnifique, comme nous avons vu, est celui de Thé-hol. Presque tous ont dans leur plan quelque chose d'analogue à la position, aux objets qui les environnent. Chacun a une salle publique, avec un trône dans le milieu, et des appartements sur les côtés. Partout on y trouve des ornements et des ouvrages d'art qui ont été portés en Chine par des Européens; on y trouve encore les produits les plus curieux et les plus rares de la nature. S'il est juste le proverbe que *les petits cadeaux entretiennent l'amitié*, l'empereur de la Chine doit avoir un grand nombre d'amis. Cet empereur, regardé comme souverain et comme chef de la grande famille, attire les présents de tous côtés. Dans ceux qui lui sont faits, il y a mélange de politique et de sentiment, et cela ne peut guère être autrement.

LANGUES.

Il est défendu aux Chinois d'enseigner la langue chinoise aux étrangers; mais, comme on a vu en religion, c'est à peu près de même en politique et en justice : ce qui est défendu au peuple est permis aux mandarins. Les jésuites ont appris le chinois lorsque les empereurs et les mandarins eurent besoin d'eux; ils le portèrent en Europe. En Italie, en France, en Angleterre, en Russie, il y a maintenant des professeurs de chinois. Pour la défense de la langue chinoise il en est de même que des livres défendus par l'Église romaine : le vulgaire ne peut pas les lire; les inquisiteurs, les membres de la congrégation de l'*Index* les lisent seuls.

A Can-ton, l'on parle un patois particulier. Lorsqu'Albuquerque eut rendu le Portugal formidable en Asie, la langue portugaise devint en usage dans toutes les îles et les côtes de la Chine. Maintenant, à cause de la dernière guerre avec les Anglais et de la proximité de l'Indostan, un patois anglais commence déjà à être parlé dans les pays maritimes de toute l'Asie. C'est ainsi que les Vénitiens et les Génois avaient introduit sur les côtes de Barbarie, de l'Égypte, de l'Archipel et du Bosphore, un patois italien, appelé en Orient la *langue franque*. La même chose est arrivée à bien des époques sur les côtes d'Afrique. Du temps des Romains, à Carthage on parlait latin.

En Chine ils nomment la Russie *Go-le-tse;* l'Espagne, *Leu-song;* la France, *Folang-tse.*

PIRATERIE.

Les îles des Larrons ne sont pas loin de Macao; elles sont remplies de pirates. C'est dans ces îles que les Anglais faisaient la contrebande de l'opium avant la dernière guerre. Une puissance de l'Europe exterminerait très facilement ces repaires de forbans, mais le gouvernement chinois ne peut ou ne sait pas les chasser. Néanmoins nous pouvons remarquer que, malgré nos forces et notre civilisation, jusqu'en 1830 la France, l'Espagne et l'Italie ont souffert le scandale de la piraterie sur les côtes de la Barbarie.

GÉOGRAPHIE ET CENSURE.

N'ayant qu'une connaissance on ne peut plus inexacte de la configuration de la terre, les Chinois n'ont que des cartes géographiques très imparfaites. Ils mettent l'Afrique à côté de la Sibérie, et l'Europe au nord de l'Afrique, composée seulement de l'Espagne, du Portugal, de la Hollande et de la France. Les Chinois n'ont aucune idée de l'Italie; ils n'ont jamais vu arriver à Can-ton ni vaisseaux, ni marchands italiens; ils n'ont vu que des missionnaires italiens, qui avaient été transportés en Chine sur des vaisseaux espagnols, portugais, hollandais ou français. Les jésuites certainement auront donné des notions exactes de géographie aux Chinois et ils auront parlé de l'Italie; mais, l'empereur et les mandarins auront gardé pour eux seuls toutes ces notions, comme beaucoup d'autres choses. Il paraît que la politique du gouvernement chinois s'oppose à laisser répandre dans le peuple les principes de notre civilisation. Les notices exactes de la géographie données par les missionnaires étaient écrites dans des langues inconnues au peuple chinois; nous avons déjà fait connaître que les étudiants et les savants chinois n'avaient aucune manière d'apprendre les langues étrangères, qui étaient défendues par les ordres de l'empereur. Donc ces langues n'étaient qu'un privilége des mandarins des premières classes, elles devenaient une espèce de monopole pour le gouvernement. Si quelque jésuite est arrivé à écrire dans la langue chinoise des ouvrages qui ne convenaient pas à la politique du gouvernement, ces livres, ces écrits étaient saisis et enfermés dans des bibliothèques réservées, où il n'était permis de lire uniquement qu'à ceux qui en avaient préalablement obtenu la permission du mandarin chargé de surveiller l'instruction. Tout ce que le gouvernement chinois croit contraire aux principes de sa politique est despotiquement défendu : les écrits, les lettres des étrangers sont enfermés, et la censure empêche qu'on imprime ce qui ne convient pas au gouvernement.

LANTERNES.

Si nous devons croire aux relations de ceux qui ont écrit sur la Chine, le nombre des lanternes du Céleste-Empire est supérieur à toute imagination, puisqu'on va jusqu'à le faire monter au moins à 200 millions. En Chine il y a des lanternes pour toutes les fortunes; on en fait de corne, de soie, de cristal, de papier, et même de toile de coton vernie. Il y en a d'une grandeur monstrueuse, qui sont rondes et qui ont un diamètre de 30 pieds (10 mètres). Dans une de ces lanternes nous pourrions donner un repas à 40 personnes. La plus grande partie est de forme hexagone; la charpente en est sculptée, et le reste est orné de rubans, de cordons en or et en soie, de franges, de glands de toute espèce. La peinture transparente est gracieuse et très variée; quelquefois les figures, profitant de la raréfaction de l'air, se remuent, ce qui produit un effet merveilleux, surtout lorsqu'elles représentent des monstres, des tournois et des chasses. La lanterne en Chine excite l'imagination de l'homme à développer son goût.

POPULATION.

Une des choses qui forment le bonheur des Chinois, c'est d'avoir une nombreuse famille. Les vieilles traditions, peut être exagérées, portent que les anciens patriarches réunissaient à leur table 200 individus de leur famille. Cette grande population est due principalement aux lois qui accordent tant de pouvoirs et de droits à la paternité. Un souverain chez nous est plus puissant à proportion qu'il a plus de sujets; en Chine un père de famille est d'autant plus important que sa famille est plus nombreuse. La grande population de la Chine est due encore à la défense d'émigrer, aux soins qu'on a de n'exposer aucune fraction de cette population aux risques de la navigation de long cours sur mer, à la rareté des guerres.

La population serait encore plus nombreuse si les mesures de police et d'hygiène étaient réformées, si l'on introduisait du linge sous l'habillement. Si en Chine il y avait plus de propreté de tout genre, si les Chinois prenaient des bains comme les Turcs, et même comme nous, ils seraient moins exposés aux maladies épidémiques. Si la police était plus attentive et plus rigoureuse sur les infanticides que commettent les filles, qu'en France on appelle trompées, surtout si l'on ôtait aux pères le droit de détruire la lignée féminine, la population du Céleste-Empire augmenterait. Enfin la grande population on la doit à avoir placé le célibat et la stérilité parmi les irrévérences qu'un homme peut commettre envers ses parents.

Pour connaître l'importance donnée par les Chinois à la propagation de la famille, il suffira de savoir que, dans leurs salutations, ils disent : « *Bonheur, longue vie et enfants mâles.* » En Chine, dans un mille carré de surface du pays il y a 300 habitants, lorsqu'en Europe il n'y en a que la moitié.

PHAI HOU OU MIAOS.

Sur les places des grandes villes, ou pour mieux

dire, sur les endroits qui sont un peu larges (puisque dans les villes du Céleste-Empire il n'y a pas de places), on rencontre des petites maisonnettes qui sont appelées *phai-hou* ou *miaos*. Ces maisonnettes sont comme chez nous les petites chapelles, mais de forme et d'architecture chinoises, avec des arcades ornées de peintures, de vernis, de dorures plus ou moins riches, entretenues très proprement. Ces chapelles sont de différentes formes, en pierre et le plus souvent en bois. Les *miaos* sont élevés pour perpétuer la mémoire de quelque belle ou vertueuse action d'homme et même de femme, à quelque classe qu'ils appartiennent. Dans ces monuments on trouve aussi une inscription qui marque le nom de la personne, qui fait connaître le fait, l'époque où il a eu lieu, et celle de l'élévation du monument. Les *phai-hou* servent d'encouragement aux belles et vertueuses actions et d'embellissement aux villes.

Les maisons des villes et des villages en Chine ont en général, au dehors, un vernis noir, des dorures, ce qui donne aux rues un aspect tout à fait différent des nôtres. La magnificence de nos édifices est dans les marbres et les sculptures; en Chine elle est dans la dorure, ce qui leur donne un aspect plus riche, mais non pas celui de monument.

ESCLAVAGE.

L'esclavage est admis dans l'empire chinois, mais uniquement comme punition, puisqu'il y a dans le code pénal qui le régit des délits qui ne sont punis que par l'esclavage. Dans cette vaste contrée il se réduit au service domestique; mais il n'a lieu ni pour les travaux de la terre, ni pour les manufactures. Les esclaves sont le plus souvent vendus par le gouvernement aux particuliers. Comme on voit, l'esclavage ne peut être que tout au plus viager, et ne se transmet pas à la postérité des individus comme dans nos colonies. Les esclaves de l'empereur ont quelquefois été élevés aux plus grandes dignités, absolument comme dans le reste de l'Orient.

TRIBUNAL DE LI-POU.

Ce tribunal est établi pour surveiller l'exécution de plusieurs règlements, pour prêter main-forte à la procédure et assurer l'exécution des lois. Le Li-pou détermine encore l'habillement que chaque classe doit porter, fixe le nombre des domestiques qu'on peut avoir, ainsi que les décorations.

CHAPITRE XXI.

APERÇU SUR LA GUERRE DES ANGLAIS CONTRE LA CHINE.

La Compagnie anglaise des Indes-Orientales, qui est une puissance, a la plus grande influence sur le parlement de Londres, car celui-ci est toujours composé en grande partie de ses plus forts capitalistes. Le commerce de cette Compagnie, qui avait tant prospéré dans le temps de la révolution française de 1789 et sous l'empire, avait besoin de trouver de nouveaux débouchés pour les denrées et les marchandises que son industrie toujours croissante lui fournissait avec abondance. Cette compagnie, menacée d'une décadence prochaine, profita de son influence dans le parlement de Londres pour obtenir que le gouvernement lui vînt en aide.

Non loin de l'Indostan, la Chine offrait une nombreuse population, avec laquelle il était très avantageux d'entrer en relation. En 1816 la Compagnie des Indes, en fournissant les fonds nécessaire, obtint de son gouvernement qu'il envoyât en Chine lord Amherst comme ambassadeur extraordinaire. Par suite de la maladresse de l'ambassadeur, ou de la soupçonneuse défiance du gouvernement chinois, les résultats de cette mission furent bien au dessous de ce qu'on en espérait. Alors il fut nécessaire de dissimuler et d'attendre une circonstance favorable qui pouvait offrir le moyen d'entrer de gré ou de force en relations plus étendues avec le Céleste-Empire.

Une proclamation de l'empereur de la Chine contre la contrebande de l'opium, et la confiscation de 20,000 caisses de cette drogue par son gouvernement, donnèrent lieu à des pourparlers qui furent suivis de l'envoi d'une escadre, et finalement d'une guerre en règle.

L'Angleterre demanda d'abord le désaveu de la mesure prise par le vice-roi de Can-ton, et une indemnité de 50 millions de dollars, à peu près 250 millions de francs, valeur à laquelle elle estimait la perte soutenue par la Compagnie des Indes; elle demandait en outre plus de liberté pour le commerce à venir. La Chine ne voulut souscrire à rien, et s'apprêta à soutenir l'attaque de la plus florissante marine du monde. Le résultat était facile à prévoir, et chacun le connaît : après une résistance assez vigoureuse qu'illustrèrent quelques traits d'un grand courage, les Chinois, qui manquaient sur tant de points dans la science militaire, et dont les armes surtout étaient si défectueuses, furent obligés de capituler et d'entrer en négociations. La paix, qui fut alors signée, accorda à l'Angleterre, en outre d'un paiement de 21 millions de dollars, à peu près 100 millions de francs, la cession de la petite île de *Hong-kong*, située à l'embouchure de la rivière de Can-ton, mais du côté opposé de Macao; enfin accorda l'ouverture au commerce des cinq ports de *Can-ton*, *Amoy*, *Pou-tchou*, *Ning-po* et *Sing-hae*, dont je donnerai tout à l'heure la description. Je joindrai aussi à ce bref aperçu la chronologie exacte des événements de la guerre, tels qu'ils sont arrivés jour par jour. Mais auparavant je voudrais que le lecteur examinât avec moi le motif de la rupture, et que, remontant à l'origine de leurs démêlés, il cherchât laquelle des deux puissances s'éloignait des lois de la justice et du droit des nations.

Pour cela, il faut entrer dans quelques détails sur l'opium, qui fut entre elles une pomme de discorde, et dont la prohibition semblerait plus capricieuse et imprudente qu'on n'a pu le soupçonner.

Les Chinois ne boivent pas l'opium comme les Turcs; ils le fument après l'avoir réduit, par divers procédés, en une espèce de mélasse. Sous cette forme, l'opium produit de grands ravages dans la basse classe du peuple : commençant par une excessive maigreur et une débilité générale, il arrive le plus souvent à l'imbécillité et finit par la mort. Les pernicieux effets en sont décrits dans le mémoire qu'un des censeurs adressait à l'empereur.

« J'ai appris, dit-il, que ceux qui fument l'o- » pium en ressentent un besoin périodique et im- » périeux, et que, si ce besoin n'est pas satisfait au » terme régulier, leurs yeux et leur nez déchargent » une grande quantité d'eau, tandis que leurs mem- » bres affaiblis sont incapables d'aucun travail; » mais quelques bouffées de la pernicieuse drogue » les rendent à leur animation habituelle : l'opium » devient leur vie en attendant qu'il amène leur » mort.

» J'ai eu la curiosité de visiter ces gens-là dans » leur paradis, qui, loin d'offrir des délices, n'a » été pour moi qu'un spectacle affreux. Moins dé- » gradante peut-être que celle qui est causée par » les liqueurs fermentées ou alcooliques, l'ivresse » de l'opium a quelque chose de terrifique. Le sou- » rire imbécile et la mortelle stupeur des fumeurs » sont également pénibles à voir.

» Les chambres où ils se réunissent sont entou- » rées de couches sur lesquelles ils s'étendent, et à

» la tête desquelles est une lampe sur un petit guéridon, car le poison est tenu au feu avant d'être transmis à la pipe, dont le bol de chacune ne contient que deux aspirations, de sorte qu'il faut le remplir à chaque instant. Comme ce soin troublerait l'effet léthargique qu'on recherche, et comme il demande une certaine dextérité, un garçon de service s'en charge et reste auprès du fumeur jusqu'à ce qu'il veuille s'arrêter.

» Quelques jours de cette épouvantable jouissance suffisent pour donner au visage une pâleur livide, et aux yeux un air hagard, tandis que quelques mois et même quelques semaines changent l'homme sain et robuste en un squelette hébété. Ce que souffrent ces malheureux lorsqu'on les prive de l'opium après une longue habitude est inexprimable, car ce n'est que sous son influence à un certain degré qu'ils retrouvent leurs facultés.

» Tous les soirs, à neuf heures, on peut voir, dans les maisons destinées à leur ruine, ces pauvres insensés à toutes les phases du fléau. Quelques uns entrent à moitié fous pour satisfaire le besoin qu'ils ont comprimé pendant tout le jour; d'autres rient et divaguent sous l'effet d'une première pipe, pendant que les autres, en plus grand nombre, gisent languissants sur leurs couches, fort insouciants de ce qui se passe à l'entour, et

» s'avançant rapidement vers la consomption tant » souhaitée. La dernière scène de ce drame se passe » ordinairement dans une arrière-chambre du bâ» timent, espèce de morgue où reposent étendus à » terre ceux qui ont passé à l'état de complète in» sensibilité, image du long sommeil vers lequel ils » se précipitent aveuglément. »

Profondément ému de ce récit, avec lequel s'accordait le témoignage de tous ses mandarins, l'empereur *Taou-kwang* résolut d'arrêter effectivement l'importation de l'opium, quoiqu'il y perdît un de ses plus beaux revenus, cette drogue étant fortement imposée. Cependant ses édits, ordinairement si respectés, ne furent point obéis, et la contrebande s'organisa d'une manière d'autant plus vexatoire pour le gouvernement, que les fraudeurs, ne pouvant recevoir des échanges, se faisaient payer comptant en piastres d'Espagne. Ce fut dans un tel état de choses que l'empereur crut devoir recourir à des mesures plus énergiques.

CHRONOLOGIE DES ÉVÉNEMENTS

SURVENUS A LA SUITE DES DIFFÉRENDS QUI ONT EU LIEU ENTRE LA CHINE ET LE GOUVERNEMENT ANGLAIS, DEPUIS LE 27 AOUT 1831, JUSQU'A LA SIGNATURE DU TRAITÉ DE NAN-KIN, CONCLU EN 1842.

1831.

27 *août*. — Lord William Bentink se plaint au

gouverneur de Can-ton des insultes faites aux comptoirs anglais par les autorités chinoises.

1832.

7 *janvier.* — Le gouverneur de Can-ton ne veut pas répondre directement à la lettre de Bentink; mais il adresse aux marchands hongs, pour être communiqué aux Anglais, un édit où il explique les motifs qui ont amené la destruction du quai devant le comptoir anglais, où il nie l'injure faite au portrait du roi.

9. *février.* — Édit qui condamne l'introduction de l'opium, et menace, si l'on y persiste, de rompre tout commerce étranger.

1833.

Dans cette année, l'Angleterre, ne faisant aucun compte de l'édit chinois qui défendait l'introduction de l'opium, en favorise la contrebande.

1834.

22 *avril.* — Cessation des droits exclusifs de la Compagnie des Indes à la Chine.

25 *avril.* — Les premiers vaisseaux appartenant

au commerce libre cinglent vers l'Angleterre chargés de thé.

15 *juillet.* — Lord Napier arrive à Macao comme surintendant général du commerce britannique en Chine.

17 *juillet.* — J. F. Davis et G. B. Robinson acceptent les grades de second et de troisième surintendants.

25 *juillet.* — Ils se rendent à Can-ton.

26 *juillet.* — Le gouverneur de Can-ton et les autres autorités refusent de reconnaître lord Napier, parce que la lettre où il leur annonçait sa nomination n'était point dans la forme d'une pétition. Elle ne fut pas même ouverte.

18 *août.* — Ordre à lord Napier de se retirer à Macao, sous peine d'interdiction du commerce.

2 *septembre.* — Le commerce et toute communication avec les Anglais sont prohibés.

5 *septembre.* — Deux vaisseaux de guerre anglais entrent dans la rivière de Can-ton, après avoir fait taire les batteries.

12 *septembre.* — Ouvertures des Chinois vers un accommodement.

16 *septembre.* — Lord Napier tombe malade.

19 *septembre.* — Dans une conférence de marchands hongs et anglais agissant pour leurs gouvernements respectifs, on convient du départ de lord Napier pour Can-ton, et de la reprise du commerce.

21 *septembre.* — Les vaisseaux anglais reçoivent l'ordre de quitter la rivière. Lord Napier quitte lui-même Can-ton, mais dans un bateau chinois.

26 *septembre.* — Arrivée à Macao de lord Napier, dont la maladie fait de grands progrès.

11 *octobre.* — Mort de lord Napier. M. Davis lui succède, et le capitaine Elliot est secrétaire.

7 *novembre.* — Nouveau décret impérial qui défend le commerce d'opium.

1835.

21 *janvier.* — Une partie de l'équipage de *l'Argyle*, qui s'était arrêté sur les côtes de la Chine

pour y réparer ses avaries, est détenue par les autorités locales.

4 *février*. — Le capitaine Elliot, alors troisième surintendant, se rend à Can-ton pour y réclamer l'équipage; il est assailli par les autorités et chassé.

18 *février*. — L'équipage de *l'Argyle* est rendu.

23 *février*. — Plusieurs caisses d'opium sont saisies et brûlées à Can-ton. Le commerce n'en continue pas moins, mais il n'y a aucune communication entre les autorités chinoises et anglaises.

1836.

29 *janvier*. — Le surintendant général Robinson, dans une dépêche en Angleterre, dit avoir donné le conseil que la commission s'établisse dans un vaisseau, près du lieu d'embarcation anglais, où elle serait indépendante des autorités chinoises.

7 *juin*. — Robinson est rappelé en Angleterre, et le capitaine Elliot est nommé chef de la commission. Ceci ne s'exécute que le 14 décembre.

28 *novembre*. — Établissement d'une chambre générale à Can-ton.

14 *décembre.* — Le capitaine Elliot demande au gouverneur la permission de se rendre à Can-ton.

22 *décembre.*—Le gouverneur de Can-ton, pour toute réponse, envoie une députation chargée de voir s'il a dit la vérité, et, en tous cas, de le surveiller et l'empêcher de quitter Macao.

28 *décembre.* — Quelques marchands hongs, venus avec la députation, visitent le capitaine Elliot, et l'engagent à écrire au gouverneur de Canton pour lui dire qu'il restera à Macao jusqu'à ce qu'il ait reçu de nouvelles communications.

1837.

18 *mars.* — Par un ordre de l'empereur, on permet au capitaine Elliot de se rendre à Can-ton.

1er *avril.* — Dans une dépêche à son gouvernement, lord Elliot se plaint de ce que les autorités chinoises ne veulent communiquer avec lui que par l'entremise de leurs marchands.

8 *avril.* — Le capitaine Elliot annonce au gouverneur de Can-ton, par lettre, qu'un vaisseau anglais vient de sauver du naufrage dix-sept Chinois; il reconnaît qu'en pareille circonstance des marins anglais ont été secourus par les autorités du pays,

et il espère que la paix et le bon vouloir pourront continuer entre les deux nations.

19 *avril.* — Les marchands hongs, de la part de leur gouverneur, prient le capitaine Elliot de ne plus omettre le mot Céleste-Empire; de ne point se flatter qu'aucun lien de paix ou d'amitié puisse jamais exister entre le grand empereur et la petite nation anglaise, et d'écrire à l'avenir dans un style généralement plus respectueux. De cette dernière circonstance les marchands hongs étaient établis juges, et ne devaient laisser parvenir que les lettres qu'ils trouveraient convenantes.

22 *avril.* — Lord Elliot signifie au gouverneur qu'il ne soumettra ses dépêches à personne, et que, mieux que cela, il ne recevra plus rien d'indirect.

25 *avril.* — Le gouverneur consent à recevoir les dépêches cachetées, mais ne veut point y répondre directement. Le capitaine Elliot accepte.

1er *juin.* — Il obtient la permission d'aller et de venir de Can-ton, à la charge de rendre compte de ses absences.

Août et septembre. — Les marchands hongs, de

la part du gouverneur, prient le capitaine Elliot de renvoyer tous les bâtiments à opium, et de solliciter son gouvernement de n'en plus laisser reparaître à la Chine.

25 *septembre.* — Le capitaine répond qu'il lui est impossible de transmettre à son souverain des communications indirectes; que lui-même ne devrait point s'y soumettre.

29 *septembre.* — Le capitaine Elliot reçoit la première communication directe du vice-roi et du principal mandarin militaire de la province. C'est la répétition des demandes d'août et de septembre.

21 *novembre.* — Des dépêches reçues d'Angleterre défendent au capitaine Elliot de faire aucune pétition aux autorités chinoises, ce qui serait admettre l'infériorité du gouvernement anglais. Ceci amène une rupture de toutes communications.

Durant cette année, le commerce d'opium avait subi un grand changement. La contrebande, qui jusqu'alors ne s'était faite qu'à Can-ton, fut poussée vers l'est. Plus de vingt voiles étaient employées à ce trafic illégal sur la côte de Fo-kai. Il y eut souvent des collisions où le sang fut répandu.

1838.

10 *janvier.* — L'opium est saisi à bord du bateau d'un résident anglais à Can-ton.

25 *février.* — Un Chinois est condamné à mort pour la contrebande d'opium.

12 *juillet.* — Arrivée à Macao de l'amiral Maitland pour la protection des sujets anglais.

28 *juillet.* — Les batteries chinoises font feu sur le bateau desservant Bombay, dans la croyance qu'il avait à son bord lord Maitland.

29 *juillet.* — Le capitaine Elliot demande qu'on veuille envoyer un délégué de rang égal à celui de l'amiral Maitland, pour s'entendre avec cet officier.

4 *août.* — L'amiral Maitland, en conséquence de l'insulte du 28 juillet, remonte la rivière jusqu'à Bocca-Tigris. L'amiral chinois Kwan lui écrit immédiatement, le priant d'expliquer ses intentions.

5 *août.* — Sir F. Maitland demande une entrevue où l'on puisse s'entendre.

Le même jour, deux mandarins arrivent à son bord, et, en présence du capitaine Elliot, donnent par écrit un plein désaveu à l'insulte du 28 juillet. Sir F. Maitland déclare qu'il est satisfait; que, depuis la cessation du commerce, on doit s'attendre à recevoir quelquefois la visite de vaisseaux militaires, mais qu'ils venaient avec des intentions pacifiques.

4 *octobre.* — Après avoir échangé quelques civilités avec l'amiral Kwan, l'amiral Maitland quitte la rade de Macao.

3 *décembre.* — Capture d'opium faite à Can-ton. Le vaisseau américain *le Thomas Perkins* est faussement accusé de l'avoir importé. Le commerce est immédiatement interrompu. Les dépositaires et les acheteurs de l'opium reçoivent l'ordre de quitter la Chine.

12 *décembre.* — On veut faire exécuter un contrebandier en vue des comptoirs européens, mais les étrangers s'y opposent. L'exécution se fait ailleurs, et l'on a grand' peine à calmer le tumulte qui s'en suit.

18 *décembre.* — Le capitaine Elliot ordonne que tout vaisseau appartenant à des Anglais et trafiquant en opium ait à quitter Can-ton dans un espace de trois jours.

1839.

1er *janvier.* — Réouverture du commerce étranger.

7 *janvier.* — Visites des maisons chinoises; il est remarquable que les habitants ne se soumettaient à cette mesure qu'après avoir préalablement fouillé les agents de la police : ils craignent quelque trahison.

26 *février.* — Un contrebandier chinois est exécuté en face des comptoirs étrangers; immédiatement ils abaissent tous leurs pavillons.

4 *mars.* — Le capitaine Elliot adresse des remontrances au gouverneur de Can-ton.

10 *mars.* — Un commissaire, le mandarin *Lin-tsih-seu*, arrive à Can-ton.

18 *mars.* — Ce commissaire demande que tout l'opium des vaisseaux lui soit livré.

19 *mars.* — On défend aux résidents étrangers de quitter Can-ton.

21 *mars.* — Le capitaine Elliot communique avec le commandant de la corvette *Larne*, et prend la

résolution de rejoindre ses compatriotes, alors prisonniers à Can-ton.

24 *mars*. — Le capitaine Elliot parvient à atteindre Can-ton en dépit des autorités chinoises. Il trouve les comptoirs entourés d'hommes armés, et les provisions coupées dans leur circulation.

25 *mars*. — Les marchands étrangers s'engagent à ne fournir d'opium à aucun sujet de l'empereur. Le capitaine demande pour lui et ses compatriotes des passeports, qui sont refusés. On lui demande le transport de tout l'opium à bord des vaisseaux.

26 *mars*. — Nouvelles demandes de l'abandon de l'opium.

27 *mars*. — Le capitaine Elliot se décide à livrer l'opium. Ce même jour il enjoint à tous les sujets anglais de lui remettre l'opium en leur possession; il en a besoin pour le service du gouvernement de Sa Majesté, au nom duquel il se rend responsable envers tous.

3 *avril*. — On permet à M. Johnston de se rendre à bord des vaisseaux pour y procéder à la reddition de l'opium. Les autres Anglais continuent d'être prisonniers.

10 *avril.* — Le commissaire Lin et le gouverneur se rendent à Bocca-Tigris pour y surveiller la remise de l'opium.

20 *avril.* — La moitié de l'opium est livrée, et l'on continue la détention des étrangers, quoique l'on fût convenu du contraire.

4 *mai.* — Édit qui permet aux bateaux de service de reprendre leur trajet accoutumé, et qui annonce la reprise du commerce. Cependant seize individus sont encore retenus en captivité.

8 *mai.* — Permission au surintendant anglais, ainsi qu'au consul américain et au consul hollandais, de quitter pour toujours la Chine, avec tout leur monde. Tout commerce d'opium doit être à l'avenir puni de mort.

21 *mai.* — En ce jour furent faites les dernières livraisons d'opium; l'abandon de cet ingrédient s'élevait à 20,283 caisses.

24 *mai.* Le capitaine Elliot quitte Can-ton pour aller à Macao, avec les seize marchands proscrits, qui ont donné des cautions comme quoi ils ne reviendront jamais en Chine. Vers la fin du mois presque tous les étrangers ont quitté Can-ton.

3 *juin*. — Préparations pour la destruction de l'opium, qui s'effectue le 16 devant quelques Anglais qui avaient une entrevue avec le commissaire Lin; cette opération ne prit pas moins de vingt jours; elle donna une grande impulsion à la contrebande de la côte occidentale. Dans plusieurs endroits les indigènes entrèrent dans des confédérations si bien organisées qu'elles épouvantèrent le gouvernement impérial.

31 *juin*. — Le capitaine Elliot, dans un manifeste, se récrie hautement contre la conduite du commissaire, qui a invité les marchands anglais et autres à ne plus recevoir ses ordres et à violer leurs engagements avec lui.

7 *juillet*. — Un Chinois, nommé Lin Weibi, est tué dans une rixe entre des matelots anglais et américains dans l'île de Hong-Kong.

12 *août*. — Dans une cour criminelle tenue à Hong-Kong, les cinq matelots anglais soupçonnés du meurtre de Lin-Weihi sont acquittés quant au meurtre, mais condamnés à une amende et aux travaux forcés comme coupables d'émeute.

15 *août*. — En conséquence du meurtre de Lin Weihi, les autorités chinoises défendent qu'on fournisse des vivres aux Anglais.

23 *août*. — L'amiral Elliot quitte Macao pour se porter dans la petite île d'Hong-Kong, ne voulant point envelopper dans ses démêlés le gouvernement portugais résidant dans la première place.

24 *août*. — Le bâtiment anglais *le Black Joke* est attaqué par les Chinois; l'équipage, composé de lascars, mis à mort de la manière la plus barbare, un seul homme excepté; un passager est horriblement blessé, il a l'oreille coupée avec une portion du crâne, qu'on lui entre de force dans la bouche.

26 *août*. — Tous les Anglais domiciliés à Macao s'en retirent.

31 *août*. — Appel aux indigènes pour prendre les armes contre les Anglais.

4 *septembre*. — Escarmouche de Kow-Lung entre trois bateaux anglais, trois vaisseaux et un fort chinois, occasionnée par le refus des vivres.

11 *septembre*. — Avertissement qu'on bloquera la rivière de Can-ton; rétracté le 16.

12 *septembre*. — Le commissaire Lin brûle le vaisseau espagnol *Bilbaino*, le croyant anglais.

3 *novembre.* — Deux frégates anglaises, *la Volage* et *l'Hyacinthe*, sont attaquées par vingt-neuf vaisseaux chinois, sous les ordres de l'amiral Kwan, qui est repoussé avec perte, ayant vu sauter un de ses vaisseaux et plusieurs coulés à fond.

26 *novembre.* — Édit qui ordonne toute cessation de commerce avec les Anglais à dater du 6 décembre.

6 *décembre.* — Le dernier commis de la compagnie des Indes quitte la Chine.

1840.

5 *janvier.* — Un décret impérial annonce que tout commerce avec l'Angleterre a cessé pour jamais.

2 *février.* — Le commissaire Lin fait tirer de nombreuses copies, qui sont distribuées au peuple chinois, de la lettre de remontrances qu'il adresse à la reine de la Grande-Bretagne contre le commerce de l'opium.

6 *février.* — Le commissaire Lin est promu gouverneur des provinces de Kwang-Tung et de Kwang-si.

22 *mai.* — Le vaisseau anglais *l'Hellas* est attaqué par huit petits vaisseaux chinois et trois grands; il a tout son équipage blessé, et le capitaine l'est très dangereusement.

9 *juin.* — Tentative d'incendie contre la flotte anglaise au moyen de brûlots.

22 *juin.* — Les forces anglaises étaient composées de la manière suivante :

3 vaisseaux de 74 canons,
2 frégates,
12 corvettes,
4 grands bateaux à vapeur pour avisos.

Total. 21 bâtiments.

L'artillerie était composée de 800 canons de 9, 10, 11, 12, 13, et de 120 mortiers, plus 4,000 soldats.

Suivant des relations anglaises, l'artillerie chinoise était dirigée par des officiers russes, mais toujours imparfaite et mal servie. Sir Gordon Bremer, arrivé la veille sur *le Wellesley*, publie qu'il va bloquer Can-ton.

30 *juin.* — Une partie de la flotte anglaise se dirige vers le nord de la côte orientale.

2 *juillet.* — Le vaisseau *la Blonde* visite Amoy.

On tire sur lui quoiqu'il ait arboré le pavillon de trêve.

5 *juillet.* — La ville de Ting-hai, dans l'île de Chusan, se rend avec 90 canons.

10 *juillet.* — Blocus depuis Ning-po jusqu'à l'embouchure du Kiang. Proclamation d'un tarif de récompenses accordées à quiconque prendra ou détruira des vaisseaux anglais, ou des soldats, ou des marchands de cette nation, ou des hommes qui les servent.

6 *août.* — M. Staunton est enlevé et porté à Canton.

11 *août.* — L'amiral Elliot, sur un bateau à vapeur, entre dans le Pei-ho, rivière qui coule près de Pé-kin, dans le golfe de Petchelée...... Hardiesse admirable!

19 *août.* — *L'Hyacinthe* et *le Larne* attaquent les Chinois à Macao, détruisent leurs canons et leur tuent 60 soldats.

30 *août.* — Conférence de l'amiral Elliot et du mandarin Keshen, près de Tient-sing, sur le Pei-ho, à la distance d'environ neuf myriamètres de Pé-kin.

15 *septembre.* — *Le Kite* se perd sur un banc de sable. La femme du capitaine Noble et partie de l'équipage son mis en cage.

16 *septembre.* — Prise du capitaine Anstruther. Keshen est nommé commissaire impérial.

27 *septembre.* Édit impérial qui dégrade le commissaire Lin.

4 *octobre.* — Les Anglais visitent la grande muraille de la Chine et la barrière de pieux.

6 *novembre.*—L'amiral Elliot annonce une trêve.

15 *novembre.* — Les plénipotentiaires vont au devant du commissaire Keshen, alors à Can-ton.

21 *novembre.* —A Chuen-pé on tire sur le bateau à vapeur *The Queen.* On fait des excuses de cette insulte, et les Anglais s'en contentent.

29 *novembre.* — On annonce la démission de l'amiral Elliot.

12 *décembre.* — M. Staunton est relâché.

1841.

6 *janvier.* — En pleines négociations, au milieu

de la trêve, les Chinois offrent des récompenses à qui fera le plus de mal aux Anglais.

7 *janvier*. — Chuen-pé et Tae-cok sont prises par les Anglais avec 173 canons. Elliot se préparant à attaquer les forts, Keshen sollicite une trêve.

20 *janvier*. — Keshen convient avec l'amiral Elliot de céder Hong-kong à l'Angleterre, de lui payer 10 millions de piastres, et de rouvrir le commerce et les communications sur un pied égal.

26 *janvier*. — Les Anglais sont mis en possession de Hong-kong.

11 *février*. — Un édit de Pé-kin désavoue Keshen et ses concessions.

23 *février*. — On recommence les hostilités.

24 *février*. — Chusan est évacuée.

25 *février*. — Les autorités de Can-ton offrent des récompenses à qui apportera des corps anglais, morts ou vifs ; 50,000 piastres pour les chefs.

26 *février*. — Les forts de la Bogue sont enlevés par sir Gordon Bremer. L'amiral Kwan est tué et 459 canons sont pris.

1er *mars*. — L'escadre anglaise remonte la rivière de Can-ton.

2 *mars*. — Sir Hugh Gough prend le commandement de l'armée de terre.

3 *mars*. — Le vice-roi de Can-ton obtient une trêve de l'amiral Elliot.

6 *mars*. — Les hostilités sont reprises. Le fort Napier est occupé. On promet d'épargner Can-ton si le peuple se tient tranquille.

12 *mars*. — Keshen, privé de son emploi, est conduit prisonnier vers Pé-kin.

18 *mars*. — Les Chinois ayant tiré sur un parlementaire, les Anglais détruisent une flotille de bateaux, menacent Can-ton et s'emparent des comptoirs étrangers, ainsi que de 461 canons.

20 *mars*. — Suspension d'armes.

14 *avril*. — De nouveaux commissaires arrivent de Pé-kin à Can-ton.

1er *mai*. — On publie le 1er numéro de la gazette de Hong-kong.

8 *mai.* — Un Chinois est puni à Can-ton pour avoir parlé publiquement des affaires de la guerre.

17 *mai.* — Pour la troisième fois Elliot se prépare à l'attaque de Can-ton.

21 *mai.* — Les Chinois attaquent les vaisseaux anglais avec des canons et des brûlots très mal servis et mal dirigés.

24 *mai.* — Les Anglais commencent leurs opérations contre Can-ton.

25 *mai.* — Les hauteurs de Can-ton sont occupées par les Anglais, qui s'emparent de 90 canons.

27 *mai.* Les autorités offrent 6 millions de piastres pour la rançon de la ville; ils sont acceptés.

31 *mai.* — 5 millions étant payés, et sécurité donnée pour le reste, les Anglais partent.

16 *juillet.* — Le commerce recommence avec Canton.

10 *août.* — L'amiral Elliot est remplacé par sir Henry Pottinger, qui paraît dans la rade de Macao comme seul plénipotentiaire de Sa Majesté britannique.

12 *août.* — Henry Pottinger proclame l'objet de sa mission.

27 *août.* — La ville d'Amoy est prise par les Anglais, et 296 canons sont détruits.

1er *octobre.* — Reprise de la cité de Ting-hai et de l'île de Chu-san.

10 *octobre.* — Ting-hai est prise avec 157 canons, après s'être bien défendue.

13 *octobre.* — Ning-po prise sans résistance.

15 *novembre.* — Édit impérial engageant le peuple à exterminer les Anglais.

28 *décembre.* — Yu-yaou, Tszé-kée et Foong-hua, emportées par les Anglais.

1842.

10 *mars.* — Les Chinois, au nombre de 10 à 12 mille hommes, essayent de reprendre Ning-po et Ching-haé ; ils sont repoussés avec une perte de 600 hommes.

15 *mars.* — Un camp de 8,000 Chinois mis en déroute près de Tszé-kée.

17 *mai*. — Ning-po évacuée par les Anglais.

18 *mai*. — Les travaux de défense de Cha-poo détruits ainsi que 45 canons.

13 *juin*. — L'escadre entre dans la grande rivière de Kiang-ho.

16 *juin*. — Prise de Woosung et de 230 canons.

19 *juin*. — Prise de la ville de Shang-haé.

5 *juillet*. — Proclamation en chinois, dans laquelle sir Henry Pottinger explique les griefs et les demandes de la Grande-Bretagne.

6 *juillet*. — Après avoir sondé et mesuré la rivière, la flotte anglaise continue à s'y avancer.

18 *juillet*. — Les communications avec le grand canal sont coupées; l'escadre jette l'ancre à l'île d'Or, le 20 juillet.

21 *juillet*. — La cité de Tin-Kiang ayant été prise malgré une brave défense, le général tartare et bon nombre des hommes de sa garnison se suicident.

4 *août*. — Les vaisseaux de l'avant-garde atteignent Nan-kin.

9 *août*. — Toute la flotte étant arrivée, on débarque les troupes.

12 *août.* — Ke-ying arrive à Nan-kin avec de pleins pouvoirs pour traiter de la paix. C'est la première fois qu'on a le désir réel de s'arranger : toutes les autres propositions des Chinois n'avaient eu pour but que de gagner du temps. Les officiers des deux puissances préparent les préliminaires ensemble et envoient à l'empereur une note exacte des faits, ainsi que des demandes des Anglais. L'empereur autorise ses commissaires à conclure le traité.

20 *août.* — Première entrevue des plénipotentiaires à bord du *Cornwallis*.

24 *août.* — La visite est rendue à terre par Henry Pottinger, Hugh Gough et William Parker. Cette visite est, comme la première, toute de cérémonie.

26 *août.* — Les plénipotentiaires ont une entrevue, où ils s'occupent des conditions du traité.

29 *août.* — Le traité est signé devant Nan-kin, à bord du *Cornwallis*, par Henry Pottinger pour la Grande-Bretagne, et par Ké-ying, Ele-poo et Neu-kien, pour l'empire chinois. Les conditions du traité sont comme il suit :

1° Paix et amitié durable entre les deux nations.

2° La Chine paiera 21,000,000 de piastres dans le cours de cette année et des trois suivantes.

3° Les ports de *Can-ton*, *Amoy*, *Pou-tchou*, *Ning-po* et *Shang-haé*, seront ouverts au commerce étranger, qui aura des consuls dans chacune de ces villes, et des tarifs réguliers des droits d'importation et d'exportation, ainsi que du transport dans les terres.

4° L'île de Hong-kong sera cédée à perpétuité à Sa Majesté britannique et à ses héritiers.

5° Tous les sujets de Sa Majesté britannique, détenus dans l'empire chinois seront relâchés sans conditions.

6° L'empereur apposera son signe manuel aussi bien que son sceau à un acte d'amnistie générale envers ceux de ses sujets qui auraient servi sous les Anglais.

7° Les correspondances futures des officiers des deux gouvernements anglais et chinois seront sur un pied d'égalité parfaite.

8° Les troupes anglaises se retireront de Nankin, du grand Canal et de Tin-Kiang aussitôt qu'on aura reçu l'assentiment de l'empereur, avec le paiement de 6 millions de piastres. Mais les Anglais conserveront les îles de Chu-san et Hing-tong jusqu'à ce que les arrangements pour la délivrance des ports et l'entier paiement soient complétés.

8 *septembre*. — L'empereur confirme le traité.

31 *décembre.* — Le grand sceau de l'Angleterre y est apposé.

1843.

22 *juillet.* — Sir Henry Pottinger proclame que les ratifications du traité ont été revêtues de la signature et du sceau des deux souverains, que le nouveau système de commerce va commencer à Can-ton le 27 juillet, en attendant l'édit de l'empereur pour l'ouverture des quatre autres ports.

CHAPITRE XXII.

DESCRIPTION DES CINQ PORTS OUVERTS AU COMMERCE.

Can-ton était le seul de ces ports qui fût ouvert aux étrangers avant 1843. A ce titre, et par l'importance que lui donnent son immense commerce avec toutes les parties du monde et ses nombreuses manufactures, cette ville doit être placée au premier rang. C'est la plus intéressante après la capitale et la plus riche de tout l'empire.

Can-ton est bâti sur la rive septentrionale du Si-kiang, à vingt lieues environ de la mer, non loin des fortifications appelées *Boca-Tigris*. Le fleuve, large et profond à cet endroit, y laisse remonter les plus gros bâtiments, et Can-ton jouit de tous les avantages d'un port de mer. Cette ville populeuse est renfermée dans d'étroites limites; l'enceinte de la cité n'excède pas deux lieues, et dans ce petit espace on trouve plus de six cents rues, où se remue une population toujours affairée. Ces rues, pavées de granit ou de pierres de taille, sont toutes étroites et encombrées; les palanquins des riches et les brouettes des citoyens plus humbles n'y passent qu'avec embarras pour les piétons. Les maisons n'ont heureusement qu'un étage au dessus du rez-de-chaussée, car autrement elles seraient d'un grand obstacle à l'air et à la clarté. Quelques palais déploient un grand luxe, mais les habitations des fonctionnaires publics offrent un exemple admirable d'ordre et d'économie.

Chaque rue est habitée par une industrie particulière d'où elle tire sa dénomination; par exemple, il y a la rue des *Docteurs*, la rue des *Tisserands*, la rue des *Cordonniers*, etc. Tous les métiers forment des corporations séparées, patentées du gouvernement et soumises à des règlements particuliers. Quelques rues ont des noms de fantaisies, tels que la rue du *Dragon volant*, celle des *Fleurs d'or*. Mais toutes, sans exception, ont à leurs extrémités des grilles que le soir on ferme en y plaçant une sentinelle; car, à cause des étrangers qui y résident, Can-ton est jugé être une ville dangereuse, et les officiers de police y sont plus multipliés qu'en aucun autre lieu de la Chine. La nuit ils y montent une garde vigilante et se donnent des signaux au moyen de cloches. Ils occupent pendant l'hiver des espèces de belvédères d'où ils surveillent plus aisément les quartiers soumis à leur inspection, et ils préviennent ainsi non seulement les rassemblements tumultueux, mais les incendies, qui y seraient très dangereux, la plupart des maisons étant construites en bois.

Mais Can-ton n'est point tout entier dans ses murs : au moins la moitié de sa population habite les faubourgs et le village de Fo-han, qui y est annexé; ce sont en général les manufacturiers qui ont besoin de grands emplacements, et les hongs qui veulent avoir des jardins. Les étrangers ne sont ni dans la ville ni dans les faubourgs, ils forment comme une barrière entre les Chinois qui habitent la ville et les habitants chinois de la rivière. Leurs factoreries, qui sont de briques ou de granit, occupent un terrain anciennement couvert par les eaux. La plupart de ces bâtiments sont la propriété des hongs.

Tout commerçant qu'il soit, et bien qu'il s'y fasse annuellement pour près de 500 millions d'affaires, Can-ton n'a point de bourse; mais le quartier des factoreries est naturellement le rendez-vous des marchands, et le lieu où se passent toutes les transactions. En certaines saisons les affaires sont suspendues, et les étrangers, qu'on appelle *barbares*, sont obligés par le gouvernement chinois de se retirer à Macao. Les habitants des faubourgs, étant moins sous la surveillance de la police et des douanes, entretiennent impunément avec les étrangers un commerce de contrebande. C'était par eux que l'opium se répandait dans le pays. Ce qui augmente l'importance de Can-ton, c'est le fameux temple d'Honan, placé sur la rive méridionale du fleuve Si-kiang. Le nombre des bonzes qui habitent le monastère, l'immense quantité de pèlerins qui vont visiter le temple, augmentent encore la richesse et le mouvement de cette ville populeuse.

Le vice-roi de la province de *Quan-tung* réside à Can-ton. On considère ses fonctions comme de la plus haute importance, et c'est toujours un des hommes les plus habiles de l'empire.

La population de Can-ton s'élève, dit-on, à un million d'âmes, y compris *Fo-shan*, les faubourgs, les factoreries et la rivière. L'aspect de la ville, en général, est on ne peut plus pittoresque par l'animation des rues et surtout du port, toujours encombré de jonques, de radeaux et de petits canots qui y circulent incessamment.

Can-ton et les côtes qui l'avoisinent sont tourmentés, durant la cinquième et la sixième lune, par un vent que les Chinois appellent *ta-fung*. C'est une espèce de tourbillon, car il souffle de tous les côtés à la fois; il fait périr beaucoup de monde. Il est inconnu au nord de la Chine.

Comme il est défendu d'enseigner la langue chinoise aux étrangers, on parle à Can-ton un patois particulier dont le portugais a été la première base, depuis altéré par les différents idiomes des peuples admis dans le port.

Amoy ou *Emoy* est un port du sud-est de la Chine, placé dans une île, tout près du continent; il est sûr et fréquenté par le commerce. L'île de Formose, qui s'élève vis-à-vis, semble placée là tout exprès pour le défendre des vents moussons qui y causeraient des ravages ; et le port est placé sur la côte occidentale de l'île, de manière qu'il est très bien abrité.

Amoy est dans la province de Po-kien. Cette ville qui, vue de la mer, rappelle, dit-on, Alger par la similitude des batteries, a une forteresse qui avait été jusqu'ici estimée inexpugnable, aussi bien que celle de l'île de Koo-long, à l'embouchure du canal; mais les Anglais en eurent raison en un tour de main, malgré les conseils des artilleurs russes qui dirigeaient les Chinois dans toutes les opérations de cette guerre.

Amoy, qui est beaucoup plus grand que Can-ton, (ayant cinq lieues de circonférence), ne lui cède en prospérité que depuis le moment où les étrangers l'ont abandonné par ordre du gouvernement pour s'agglomérer en cette dernière ville. Jusque là Amoy était surtout fréquenté par les Espagnols des

Philippines; il le fut quelque temps par la Compagnie des Indes, qui désirait les y remplacer; mais elle fut bientôt obligée de diriger ailleurs ses vaisseaux, car les Tartares, qui venaient de s'emparer d'Amoy, ont toujours été opposés à l'extension du commerce étranger. En 1685 et en 1744 la Grande-Bretagne fit quelques efforts pour établir de nouvelles relations avec Amoy, mais inutilement; les quelques marchandises étrangères qu'on y admettait étaient fournies par les Espagnols. Ce ne fut que lorsque la marine de ces derniers eut été détruite dans la guerre qu'ils soutinrent du temps de Napoléon que les Anglais reprirent courage; on les a vus en 1832 organiser à Amoy la contrebande de l'opium, sous la direction de M. Gutzloff et sous les yeux du gouvernement chinois, qui y entretenait une garnison de 5 à 6,000 hommes.

Amoy est la résidence d'un grand nombre de marchands hongs, qui y mènent tout le commerce de la Chine avec le Japon et l'Archipel indien. Son port, vaste, profond et si bien abrité, est encore défendu par un énorme rocher qui se divise en deux, et qu'on ne peut comparer qu'au Mingant, qui se rencontre à l'entrée du port de Brest.

Poo-tchou, capitale de la province de Po-kien, est située sur la rive droite du *Min*, à l'endroit où ce fleuve se trouve partagé en deux branches par une grande île faisant partie de l'archipel qui occupe tout l'espace entre la ville et la mer. La rivière *Min* s'étend dans l'intérieur du pays, qu'elle met en communication avec ce port. C'est pourquoi les Anglais, qui connaissaient tous les avantages de sa position, ont tenu à ce que Poo-tchou-foo fût un des cinq ports ouvert à leurs vaisseaux.

Il y a deux cents ans cet endroit était fréquenté par les Hollandais, qui furent obligés de s'en retirer lorsque les Tartares s'y établirent. Poo-tchou n'est pas éloigné des *Woo*, chaîne de collines couronnées de cèdres, d'orangers et de tilleuls d'une hauteur imposante, et dont les environs sont consacrés à la culture du sucre, qui y est meilleur que dans tout le reste de la Chine.

La plupart des maisons de Poo-tchou sont construites en bois; mais le pont, qu'on appelle *Wan-chow*, et qui passe pour la merveille du pays, est en pierre blanche; il est sur le Min, à l'embouchure duquel s'élève le port de *Ting-hai*. Ce pont, soutenu par 35 piliers, est fort solide; mais il manque d'élégance.

Le port de Poo-tchou est défendu par une forteresse bâtie sur la rive gauche de la rivière King-paé.

Ning-po, dans la province de Tché-kiang, plus de 100 lieues au nord de Poo-tchou, est un port d'un difficile accès, à cause du peu de profondeur de ses eaux; mais il est admirablement placé pour le commerce qu'il fait avec le Japon. En échange de l'or et du cuivre qu'elle y envoie, cette ville en retire du sucre, des drogues et des étoffes de soie.

Ning-po est à cinq ou six lieues de la mer; il a une tour magnifique et un pont de bateaux sur la rivière *Kin*. Défendue par une forteresse qui la domine à portée de pistolet, la ville est de plus entourée d'une haute et solide muraille en granit, dans l'épaisseur de laquelle ont été percées cinq portes dont deux font face à l'est. Ning-po est situé au milieu d'une vaste plaine à laquelle sa fertilité donne l'aspect d'un jardin.

Shang-haé est un port très intéressant, sur la rive gauche de la rivière Who-sung qui communique avec le lac Tai, le canal Impérial, et donne son nom à une ville bâtie à son embouchure. C'est là que les Chinois ont placé les fortifications qui défendent l'entrée de Shang-haé, qui est à quelques lieues plus loin, étant placé sous le 31e degré 25 minutes de latitude septentrionale. Depuis la visite que lui rendit lord Amherst, en 1817, ce port a été de temps à autre abordé par les étrangers. La province dans laquelle il se trouve est l'une des plus fertiles de l'empire; ses rizières et ses salines fournissent à l'approvisionnement de Nan-kin et de Pé-kin, tandis que les communications sont facilitées par les nombreux canaux dont elle est coupée. A Shang-haé les importations surpassent de beaucoup les exportations, qui consistent généralement en soie brute et en thé. Après le commerce de Canton, celui de cette ville est le plus important des cinq ports, qui du reste sont tous excellents; ils ont été admirablement choisis par la Grande-Bretagne, toujours clairvoyante sur ses intérêts. Non moins bien inspirée, la Compagnie des Indes, qui avait déjà défrayé la mission diplomatique de 1817, n'a pas hésité à fournir au gouvernement anglais les fonds nécessaires au soutien de la dernière guerre, dont elle attendait de si grands résultats.

Les Anglais qui ont fait cette campagne en Chine, qui ont traité avec les indigènes, soutiennent qu'il n'y a que la force qui peut faire exécuter et maintenir les conditions du dernier traité du 27 juillet 1843, signé par sir Henry Pottinger. L'entêtement des Chinois, suivant leur opinion, est hors de toute imagination. Ils regardent le gouvernement du Céleste-Empire comme de mauvaise foi, de manière qu'ils n'ont aucun espoir sur la durée de ce traité. Mais je suis sûr que, dans ses intérêts, la Compagnie des Indes-Orientales sera attentive, et ne manquera dans aucune circonstance de mettre le gouvernement de la Grande-Bretagne à même de favoriser de plus en plus des relations commerciales d'une si grande importance.

FIN.

Table des Chapitres.

FIN DE LA TABLE.

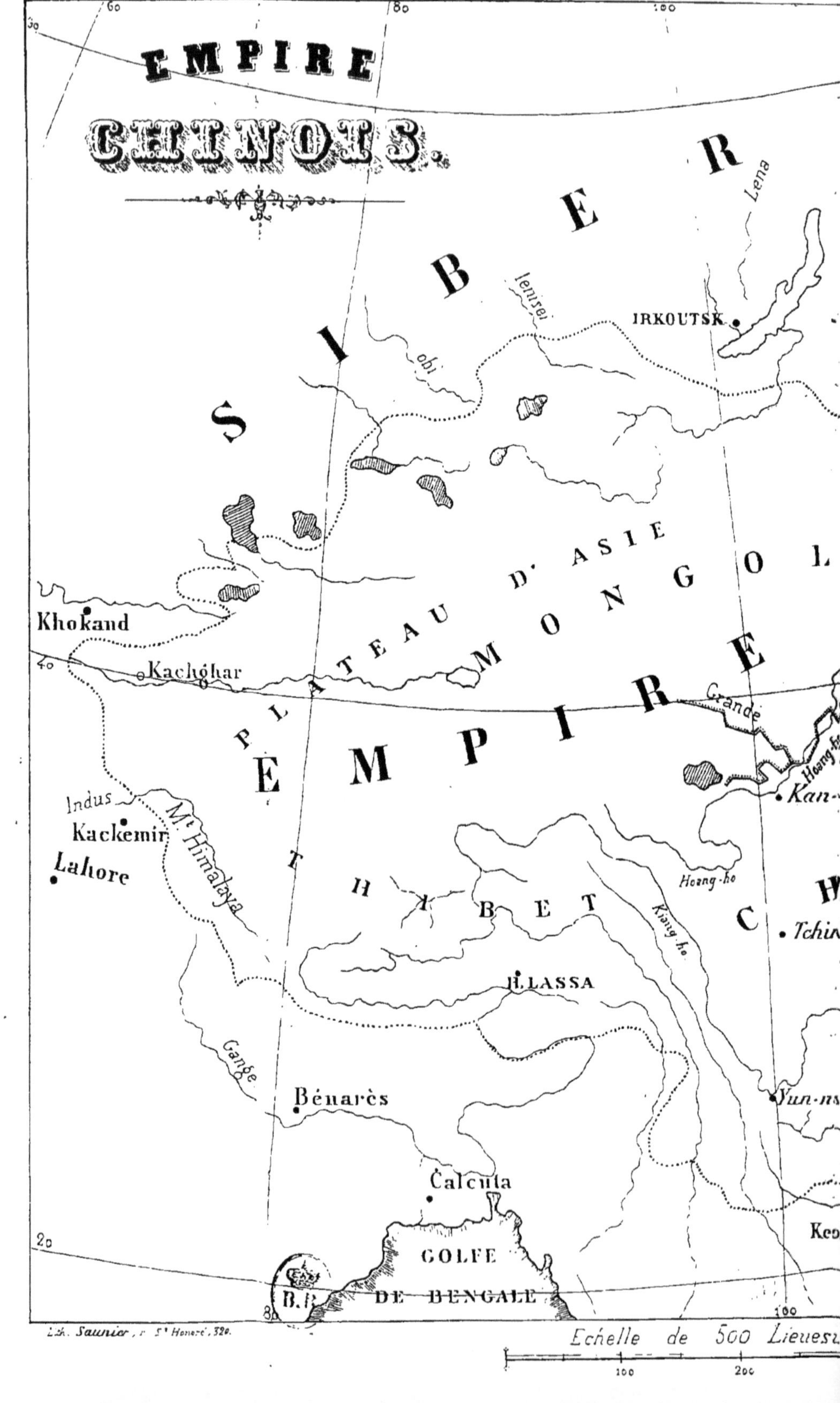
EMPIRE
CHINOIS.
SIBER
Lena
Ienisei
IRKOUTSK
obi
PLATEAU D' ASIE
MONGOL
Khokand
Kachghar
EMPIRE
Grande
Hoang-ho
Kan-
Indus
Kackemir
Mt Himalaya
Lahore
THIBET
Hoang-ho
Kiang-ho
C
Tchin
H.LASSA
Gange
Bénarès
Yun-n
Calcuta
GOLFE
DE BENGALE
Keo
60
80
100
40
20
Lith. Saunier, r. St Honoré, 320.
Echelle de 500 Lieues
100
200

MER DU KAMTCHATKA
KHOTON
Amour
L. Kulunoor
MER DU JAPON
JAPON
CORÉE
Barrière de Pieus
Thé-hol
PEKIN
Golfe de Petchéli
MER JAUNE
Tai-ynen
Tsi-nan
Canal Imp.
Hoang-ho
F. Jaune
Cai-fong
Sin-gan
NANKIN
F. Bleu
Han-chang
Hang-tchou
Nau-chang
Kiang-ho
Ning-po
Po-yang
Nan-chang
Min.
Tchang-tchu
Pou-tchou
Koei-yang
Amoy
Tai-Ouan
FORMOSA
Quei-ting
CANTON
Honan
Macao
Hong-Kong I
Bocca Tigris
Lancian
Iles des Larrons
HAÏ-NAN
MER DE LA CHINE
GRAND OCÉAN
25 au Dégré
400
500
120
60
40
20

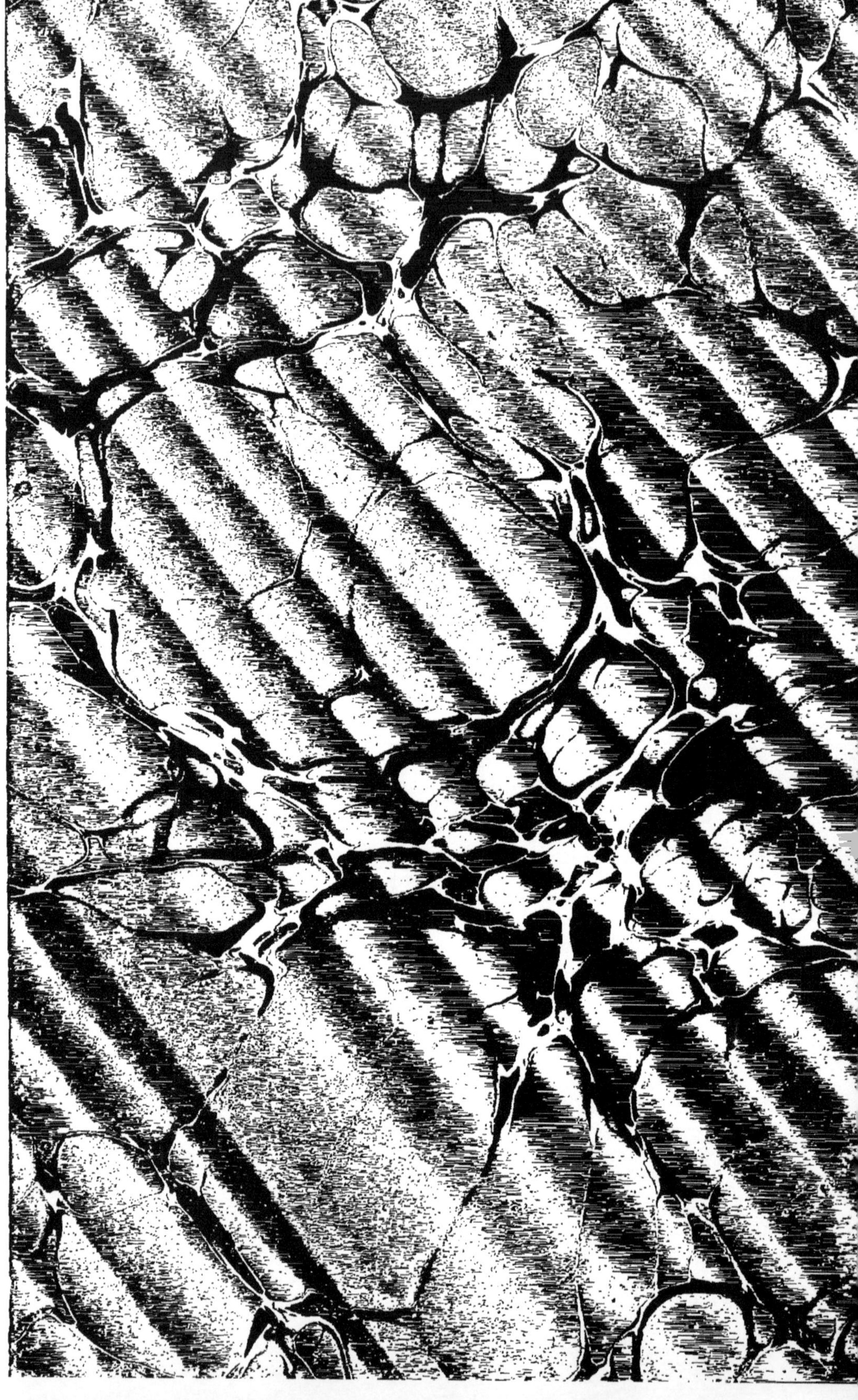